普通高等院校应用型人才培养实用教材

产品工程实训教程

赖 奇　崔 晏　周 洪　编著
张利民　王海波

西南交通大学出版社
·成 都·

内容简介

本书为高等学校实验实训教材，以材料科学与工程专业主干课程（材料科学基础、固态相变、金属材料学、材料力学性能、金属热处理、材料近代分析测试方法、材料制备技术、材料物理性能等）为基础，使学生在完成专业基础课、专业课后在工程实训能力方面得到进一步的培养与训练。本书包括金属压力加工、金属铸造、陶瓷、粉末冶金等几个部分。力求通过对学生进行工程专业技能的训练，培养学生综合运用理论知识分析和解决实际问题的能力，实现由理论知识向操作技能的转化，是对理论与实践教学效果的检验，也是对学生综合分析能力与独立工作能力的培养过程。产品工程实训是在本专业课程范围内进行论文写作或技术设计的初步训练，以此培养学生查阅文献、搜集和整理资料、说明文体、发表见解或独立进行简单的科学实验或技术设计的初步能力，为毕业论文、毕业设计打下基础。

图书在版编目（CIP）数据

产品工程实训教程 / 赖奇等编著. —成都：西南交通大学出版社，2020.1
普通高等院校应用型人才培养实用教材
ISBN 978-7-5643-7285-9

Ⅰ. ①产… Ⅱ. ①赖… Ⅲ. ①工程技术 – 高等学校 –教材 Ⅳ. ①TB

中国版本图书馆 CIP 数据核字（2019）第 287668 号

普通高等院校应用型人才培养实用教材

Chanpin Gongcheng Shixun Jiaocheng

产 品 工 程 实 训 教 程

赖 奇 崔 晏 周 洪	编著	责任编辑／罗在伟
张利民 王海波		封面设计／何东琳设计工作室

西南交通大学出版社出版发行

（四川省成都市金牛区二环路北一段 111 号西南交通大学创新大厦 21 楼　610031）

发行部电话：028-87600564　028-87600533

网址：http://www.xnjdcbs.com

印刷：成都蜀通印务有限责任公司

成品尺寸　185 mm×260 mm
印张　8　字数　200 千
版次　2020 年 1 月第 1 版
印次　2020 年 1 月第 1 次

书号　ISBN 978-7-5643-7285-9
定价　32.00 元

前　言

随着国家对材料的需求增加，以及民生改善对钢铁钒钛的需求增强，钢铁钒钛从业人员对产业信息和技术的需求也更加迫切。国内虽有一些关于钢铁钒钛方面的实验书籍，但基本都是实验教材，内容和深度不够，尤其与工程实践结合不足。为此，作者编写了本书，以期为材料行业人才培养尽微薄之力。

本书的编著是在作者长期的生产、科研和教学活动过程中的经验积累和资料积累的基础上完成的。以材料科学与工程专业主干课程材料科学基础、固态相变、金属材料学、材料力学性能、金属热处理、材料近代分析测试方法、材料制备技术、材料物理性能等为基础，使学生在完成专业基础课、专业课后在工程实训能力方面得到进一步的培养与训练。本书包括金属压力加工、金属铸造、陶瓷、粉末冶金等几个部分。力求通过对学生进行工程专业技能的训练，培养学生综合运用理论知识分析和解决实际问题的能力，实现由理论知识向工程操作技能的转化，是对理论与实践教学效果的检验，也是对学生综合分析能力与独立工作能力的提升。

本书内容具有实验工程化和新颖性的特色，在兼顾理论的同时，结合钢铁钒钛生产实践，将生产工艺与设备整合，实现工程实训。本书第 1、5 章由赖奇编写，第 2 章由张利民编写，第 3 章由周洪编写，第 4 章由王海波编写，第 6 章由崔晏编写。全书由崔晏、赖奇统稿。本书在编写过程中，参阅了国内外公开发表的大量文献资料，借此向各位署名和未署名的作者表示衷心的感谢！由于编者水平有限，经验不足，书中难免存在不妥之处，望广大读者批评指正。

编　者

2019 年 10 月于四川攀枝花

目　录

第一章　工程实训要求

一、工程实训简介

工程实训是理工科院校理论联系实践的重要实践教学环节，它是根据专业教学计划的要求，在教师的指导下对学生进行工程专业技能的训练，培养学生综合运用理论知识分析和解决实际问题的能力，实现由理论知识向操作技能的转化，是对理论与实践教学效果的检验，也是对学生综合分析能力与独立工作能力的培养提升过程。工程实训是在本专业课程范围内进行论文写作或技术设计的初步训练，以此培养学生查阅文献、搜集和整理资料、说明文体、发表见解或独立进行简单的科学实验或技术设计的初步能力，为撰写毕业论文、完成毕业设计打下基础。工程实训是基础课程、专业基础课程和专业课程的一次有机结合和综合运用。因此加强实践教学环节，开展实训教学活动，对实现本专业的培养目标，提高学生的综合素质有着重要的作用。

二、工程实训目的

工程实训的目的是使学生融会贯通相关专业课程的理论知识，将所学的专业理论知识、专业实验、工厂实践、经济知识和成本分析等进行综合性的有机结合，培养学生调研外部市场，审视内部企业，设计产品方案，生产合格产品的全面、综合性的工程技术能力、工程管理能力、创新能力、综合运用所学知识分析问题和解决问题的能力，同时加深对工艺过程的了解。

三、工程实训流程

（一）方案设计的准备阶段

（1）查阅、翻译中外相关文献资料。

（2）选定题目。

① 立题依据：如理论基础、现实意义、预期的社会效益和经济效益、可行性等。了解实训材料在国内外的应用情况和市场情况，国内外相关研究课题的科技动态等。

② 立题报告：包括题目名称、具体方案、实施手段、测试方法、工作计划与日程安排等。

（3）原材料的选择：包括非金属材料、废钢和合金的选择（需考虑本地区购买的难易程度）。

（4）仪器设备的选择（根据实训内容选择设备）。

（二）实训方案设计阶段

（1）根据所选题目中涉及的非金属材料及金属材料（如生铁、废钢、钛白、合金等）的分析数据，进行配料计算。

（2）实验方案的制定。冶炼、浇铸、锻造、热处理、机加工工艺的设计及操作规程的制定，正确选择各个流程的工艺参数。

（3）绘制工艺零件或性能测试件的零件图或模样图。

（4）阐明所要分析的材料的化学成分。

（5）性能检测的设计，阐明用何种仪器设备检测实训材料的哪些方面的性能以及功用。

（三）实训内容

学生可根据个人的兴趣，自由选择一个题目进行设计（如果要自行另立题目则在两个工作日内拿出可行性报告，经指导教师论证同意后方可执行）。按照要求提交设计报告（论文）及有关资料。参考题目见不同实训模块，具体内容如下：

1. 原材料及实训设备准备阶段

根据设计方案和市场调查，列出本次实训所需购置的原材料清单和价目表，购买全部物品，检查所需设备的准备情况和实验辅助条件的设置情况。

2. 安全操作规程学习阶段

为了安全顺利地完成实训任务，实训前必须严格学习设备的安全操作规程。树立牢固的安全意识，懂得如何保护自己，如何处理突发性应急事件，坚决杜绝安全事故的发生，确保人身安全。

3. 实训生产阶段

根据制定的实训步骤，在指导教师的统一安排下进行如冶炼、浇铸、锻造成型、热处理、取样制样等操作。

4. 产品性能检测阶段

将制作的试样送化学分析室进行化学分析，试样件送力学性能检测室进行相应的力学性能测试及送金相显微镜室观察显微结构，并记录相关数据和绘制图表。

5. 分析总结

对产品、分析结果、数据和图表进行汇总总结，得出结论，撰写工程实训报告（论文）及心得体会。

（四）工程实训报告（论文）的书写阶段

（1）要大量并针对性地查阅资料、文献以充实理论知识和丰富实训课题内容。

（2）将工程实训内容如设计的工艺及参数、设备、产品质量和成本等进行归纳、整理和归类分析，总结出规律或经验，并提出自己的观点。

（3）根据拟题方案及课题要求写出具有总结性的工程实训报告（论文）。

报告（论文）内容包括：实训目的、立题依据、设计依据、实训生产方案及设备、测试方法及有关数据和图表、原材料的分析、详细的设计工艺、测试方法的设计、实训步骤、检测步骤、实训数据、分析与讨论、总结结论等，并提出存在的问题。

报告最后应写出自己此次设计性实训的心得体会，列出查阅的中外文献的名称、作者姓名、出版单位、出版日期，按序号罗列清楚。

上述报告内容条款可根据题目情况进行适当调整、合并、修改，但主要内容应齐备，逻辑应清晰。报告应有图、表、像（可用手机或摄像机对设备、材料、产品摄像），尽量图文并茂。

四、工程实训报告要求和成绩考核

根据实训内容撰写工程实训报告。报告应思路清晰、翔实，写出自己的认识，具有一定的特色。必须根据实训的具体内容，结合查阅的文献资料，充实报告内容，主动地、创造性地进行实训设计，写出设计体会。使用规范的综合设计性实训封面，按要求撰写实训报告书并装订成册，如附有图纸或附件需单独装订。

成绩考核：结合学校相关规定，按实训设计（占 20%）、实训操作（占 40%）、实训报告（占 40%）进行评分，指导教师也可对上述比例进行适当调整。

五、实训时间安排

工程实训从设计、材料选购、制备或成型、化学分析、材料组织及性能检测等一整套的环节进行实践，以强化工程能力、创新能力和培养在材料工程中的地位与作用。根据所学知识，在查阅资料基础上，进行市场调查，了解产品成分、纯度、价格、供货可能性等，进行实验原料准备，提出实验方案，确定实验步骤和内容。实训时间、地点及相关内容的安排见表 1.1。

表 1.1　实训时间、地点及相关内容的安排

序号	项目名称	时间	地点	内容
1	设计、动员	1 天	实训中心	设计与实训目的、意义、方向、安排、注意事项，实训项目选择，熟悉设备等
2	资料查阅、市场调查	3 天	图书馆、计算机机房等	针对设计内容查阅相关资料，如材料的制备方法、工艺与检测方法等，并做好记录，提出实训初步方案。了解材料成分、组织、性能、价格、供货可能性等，并提供初步的采购物品和价格清单，进行实训原料准备

续表

序号	项目名称	时 间	地 点	内 容
3	初步实训、修改设计方案，确定工艺流程	3 天	实训中心	根据初步拟订实训方案，在实训中心预做实验，根据初步实训过程中存在的问题，修改方案，交指导教师审核。采购所缺材料
4	仪器调试		实训中心	依据不同工程实训安排
5	进行实训		实训中心	依据不同工程实训安排
6	检测		实训中心	送样进行结构与性能测试
7	产品陈列展示		实训中心	对各种产品进行保存，写清标签（含姓名、名称、性能指标、售价等）
8	撰写实训报告		自定	按要求格式撰写实训报告
9	提交报告并检查		教师指定处	检查实训报告

注：本表时间需根据实际行课时间进行调整，具体操作时可根据实际情况对时间、地点进行调整。

六、工程实训要求

（1）工程实训分小组进行。原则上 5~10 人编为一个小组，设组长 1 名。每个小组的实训题目应不同。各小组成员在具体内容和方案上应不同（鼓励创新）。在实训期间，学生必须严格要求自己，服从指导教师的统一安排，严格遵守实训纪律，正常作息，严格守时，不准迟到、早退，外出必须事先向指导教师请假征得同意，并递交请假条。

（2）独立完成设计任务。在实施设计的同时，需具备取样、制样、显微制样、材料力学性能检测等相关知识。因此在基本具备专业知识基础上，要善于接受教师的指导和听取其他同学的意见，并有意识地树立严谨的科学作风，培养独立思考、刻苦钻研、勇于创新的精神，能够按时完成课程设计任务。

（3）实训过程中要独立思考、深入钻研，主动地、创造性地进行设计，带着问题和想法去查阅相关参考文献、资料，虚心请教，做好笔记，认真总结，培养良好的工作态度和职业道德，反对照抄照搬或依赖指导教师。

（4）生产工艺流程要具有科学性。根据市场调研，原材料的采购力争做到物美价廉，要充分考虑后期产品的生产。通过工程实训进一步了解所学专业在社会中的运用与作用。

（5）工程实训中有各类中频炉/电弧炉炼钢、浇铸、行吊和烧结等操作，因此安全生产是重中之重的头等大事。应懂得如何处理突发性事件，坚决杜绝安全事故的发生，确保人身安全。对违反操作规程的同学，可取消本次设计的资格，情节严重者将报学校相关部门予以处理。

七、工程实训安全工作须知

（一）一般注意事项

实训时首先必须遵守实训室的各项制度，听从实训指导教师的指导，尊重工作人员的职权。其他要求还包括：

服装要求：不得穿凉鞋、拖鞋、丝袜等能将皮肤直接暴露在空气中的服装。

药品管理：实训结束后将药剂或其他物品放回原处，不可私自带出实训室。

水电门窗：实训前将要用的仪器打开进行预热，并检查仪器工作是否正常，实训结束后将水源及不用的电器电源关掉，门窗锁好。仪器若有损坏的，实训人员要立刻汇报管理人员。

卫生管理：实训结束后将所有需要清洗的仪器设备清洗完，放在合适的位置，并检查试验台面是否有残留药剂及地面是否整洁。

（二）安全操作

工程实训是接近工程生产的模仿性作业，"安全第一"是学生首先需要学习理解、深入训练和接受的观念。

1. 特种设备安全

特种设备是指涉及生命安全、危险性较大的锅炉、压力容器（含气瓶）、压力管道、电梯、起重机械、客运索道、大型游乐设施和场（厂）内专用机动车辆。其中，锅炉、压力容器（含气瓶）、压力管道为承压类特种设备，电梯、起重机械、客运索道、大型游乐设施为机电类特种设备。特种设备包括其所用的材料、附属的安全附件、安全保护装置和与安全保护装置相关的设施。特种设备分为承压类特种设备和机电类特种设备。

承压类特种设备包括锅炉、压力容器和压力管道，分述如下：

锅炉是指利用各种燃料、电或者其他能源，将所盛装的液体加热到一定的参数，并通过对外输出介质的形式提供热能的设备。常见的有：设计正常水位容积大于或者等于 30 L，且额定蒸汽压力大于或者等于 0.1 MPa(表压)的承压蒸汽锅炉；出口水压大于或者等于 0.1 MPa（表压），且额定功率大于或者等于 0.1 MW 的承压热水锅炉；额定功率大于或者等于 0.1 MW 的有机热载体锅炉。

压力容器是指盛装气体或者液体，承载一定压力的密闭设备。常见的有：最高工作压力大于或者等于 0.1 MPa（表压）的气体、液化气体和最高工作温度高于或者等于标准沸点的液体、容积大于或者等于 30 L 且内直径（非圆形截面指截面内边界最大几何尺寸）大于或者等于 150 mm 的固定式容器和移动式容器；盛装公称工作压力大于或者等于 0.2 MPa（表压），且压力与容积的乘积大于或者等于 1.0 MPa·L 的气体、液化气体和标准沸点等于或者低于 60 ℃ 液体的气瓶；氧舱。

压力管道是指利用一定的压力，用于输送气体或者液体的管状设备，常见的有：最高工作压力大于或者等于 0.1 MPa（表压），介质为气体、液化气体、蒸气或者可燃、易爆、有毒、有腐蚀性、最高工作温度高于或者等于标准沸点的液体，且公称直径大于或者等于 50 mm 的管道。公称直径小于 150 mm，且其最高工作压力小于 1.6 MPa（表压）的输送无毒、不可燃、无腐蚀性气体的管道和设备本体所属管道除外。其中，石油天然气管道的安全监督管理还应按照《安全生产法》《石油天然气管道保护法》等法律法规实施。

机电类特种设备包括电梯、起重机械和客运索道，分述如下：

电梯是指动力驱动，利用沿刚性导轨运行的厢体或者沿固定线路运行的梯级（踏步），进行升降或者平行运送人、货物的机电设备，包括载人（货）电梯、自动扶梯、自动人行道等。非公共场所安装且仅供单一家庭使用的电梯除外。

起重机械是指用于垂直升降或者垂直升降并水平移动重物的机电设备，常见的有：额定起重量大于或者等于 0.5 t 的升降机；额定起重量大于或者等于 3 t（或额定起重力矩大于或者等于 40 t·m 的塔式起重机，或生产率大于或者等于 300 t/h 的装卸桥），且提升高度大于或者等于 2 m 的起重机；层数大于或者等于 2 层的机械式停车设备。

场（厂）内专用机动车辆，是指除道路交通、农用车辆以外仅在工厂厂区、旅游景区、游乐场所等特定区域使用的专用机动车辆。

工程实训不涉及客运索道和大型游乐设施等特种设备。

特种设备要求持证操作。未经特种设备安全专业培训考核的人员缺乏特种设备安全专业知识，安全意识淡薄，无证上岗和违规操作是导致事故发生的最主要原因。因此，特种设备持证操作是工程实训安全教育的核心内容之一。根据《中华人民共和国特种设备安全法》要求，特种设备作业人员及其相关管理人员必须经过特种设备安全监督管理部门考核合格，取得国家统一格式的特种设备作业人员证书，方可从事相关工作。特种设备作业人员持证上岗不仅是法律法规的要求，还是落实安全主体责任的重要内容，是特种设备安全运行的基本保证。

学生进行工程实训时，无相关特种设备作业证书不得进行相关操作。持证的特种设备作业人员可根据实际情况对特种设备进行讲解和示范。

2. 实训车间灭火

实训中一旦发生了火灾切不可惊慌失措，应保持镇静。首先立即切断室内一切火源和电源，然后根据具体情况正确地进行抢救和灭火。常用的方法有：

（1）在可燃液体着火时，应立刻搬走着火区域内的一切可燃物质，关闭通风器，防止加剧燃烧。若着火面积较小，可用石棉布、湿布、铁片或沙土覆盖，隔绝空气使之熄灭。但覆盖时要轻，若碰坏或打翻盛有易燃溶剂的器皿，会导致更多的溶剂流出而引发二次着火。

（2）酒精及其他可溶于水的液体着火时，可用水灭火。

（3）汽油、乙醚、甲苯等有机溶剂着火时，可用石棉布或土扑灭。绝不能用水灭火，反而会扩大燃烧面积。

（4）金属钠、镁和钛等金属着火时，可用沙土覆盖灭火。

（5）导线着火时不能用水及二氧化碳灭火器，应切断电源或用四氯化碳灭火器。

（6）衣服被烧着时切不要奔走，可用衣服、大衣等包裹身体或躺在地上滚动，可迅速灭火。

发生火灾时应立即采取措施灭火，发生较大的火灾事故时应立即报警。

3. 事故预防

使用带电设备（如热解炉、感应炉、烘箱、恒温水浴、离心机等）时，严防触电。绝不可用湿手或在眼睛旁视时开关电闸和扳动电器开关。检查电器设备是否漏电应用试电笔或手背触及仪器表面。凡是漏电的仪器，一律不能使用。

使用浓酸、浓碱等试剂时，必须极为小心地操作，防止溅洒。用吸量管量取这些试剂时，必须使用橡皮球，禁止用口吸取。若不慎溅在实验台或地面，必须及时用湿抹布擦拭干净。如果触及皮肤，应立即处理，严重者送医院治疗。

使用可燃物，特别是易燃（丙酮、乙醚、乙醇、苯、金属钠等）时，应特别小心。不要大剂量放在桌上，更不应放在靠近火焰处。只有远离火源时，或将火焰熄灭后，才可大量倾倒这类液体。低沸点的有机溶剂不准在火焰上直接加热，只能在水浴上利用回流冷凝管加热或蒸馏。

如果不慎溅洒出了相当量的易燃液体，应立即关闭室内所有的火源和电加热器。关门，开启小窗及窗户。用毛巾或抹布擦拭溅出的液体，并将液体拧到大的容瓶中，然后再倒入带塞的玻璃瓶中。

用油浴操作时，应小心加热，不断用金属温度计测量，不要使温度超过油的燃烧温度。

易燃和易爆炸物质的残渣（如金属钠、白磷、火柴头）不得倒入污桶或水槽中，应收集在指定的容器内。

废液，特别是强酸和强碱不能直接倒在水槽中，应先稀释，然后倒入水槽，再用大量自来水冲洗水槽及下水道。

4. 急救知识

在实训过程中若不慎发生受伤事故，应立即采取适当的急救措施。

（1）受玻璃割伤及其他机械损伤：首先必须检查伤口内有无玻璃或金属等物碎片，然后用硼酸水洗净，再涂擦碘酒或红汞水，必要时用纱布包扎。若伤口较大或过深而大量出血，应迅速在伤口上部和下部扎紧血管止血，并立即到医院治疗。

（2）烫伤：一般用 90%～95% 的浓酒精消毒后，再涂上苦味酸软膏。如果伤处红痛或红肿（一级灼伤），可擦医用橄榄油或用棉花蘸酒精敷盖伤处；若皮肤起泡（二级灼伤），不要弄破水泡，防止感染；若伤处皮肤呈棕色或黑色（三级灼伤），应用干燥而无菌的消毒纱布轻轻包扎好，立即送医院治疗。期间用冷水冷却或冰敷。

（3）强碱（如氢氧化钠、氢氧化钾）、钠、钾等触及皮肤而引起灼伤时，要先用大量自来水冲洗，再用 5% 硼酸溶液或 2% 乙酸溶液涂洗。

（4）强酸、溴等触及皮肤而致灼伤时，应立即用大量自来水冲洗，再以 5% 碳酸氢钠溶液或 5% 氢氧化钴溶液洗涤。

（5）如酚触及皮肤引起灼伤，可用酒精涂洗。

（6）若煤气中毒时，应到室外呼吸新鲜空气，若严重时应立即赴医院诊治。

（7）水银中毒。水银容易由呼吸道进入人体，也可以经皮肤直接吸收而引起积累性中毒。严重中毒的征象是口中有金属味，呼出气体也有气味；流唾液，打哈欠时疼痛，牙床及嘴唇上呈黑色；淋巴结及唾腺肿大。若不慎中毒时，应立即送医院急救。急性中毒时，通常用碳粉或呕吐剂彻底洗胃，或者食入蛋白（如 1 L 牛奶加 3 个鸡蛋清）或蓖麻油解毒并使之呕吐。

（8）触电：立即关闭电源。用干木棍使导线与被电者分开，急救时急救者必须做好防止触电的安全措施，手或脚必须绝缘。

第二章　压力加工

第一节　实训基本要求

一、工程实训时间安排

工程实训时间安排见表 2.1

表 2.1　工程实训时间安排

序号	项　目	时　间	地　点	内　容
1	设计、动员			课程设计目的、意义、方向、安排、注意事项等
2	资料查阅			针对设计内容查阅相关资料
3	初步方案			设计及操作内容
4	修改方案			完善设计方案，交指导教师审核
5	实训操作			按所设计的方案进行操作
6	实训报告			按要求撰写实训报告

二、设计流程

（一）设计的准备阶段

（1）阅读相关文献资料。

（2）方案拟定、原材料及设备的准备。

（二）设计阶段

板带钢轧制制度主要包括：压下制度、速度制度、温度制度、张力制度及辊形制度等。

压下制度必然影响到速度制度、温度制度和张力制度，而压下制度与张力制度决定着板带轧制时的辊缝大小和形状。

板带钢轧制制度的确定要满足优质、高产、低消耗的要求。因此，轧制规程设计应该满足下列原则和要求：

（1）在设备能力允许的条件下尽量提高产量。

（2）在保证操作稳定方便的条件下提高质量。

（3）应保证板带材料的组织性能和表面质量。

型钢设计主要是针对轧制孔型进行计算，画出孔型配辊图，并进行校核。

1. 设计准备

（1）阅读和研究设计任务书，明确设计内容和要求，分析设计题目，了解原始数据和轧机类型。

（2）复习理论课程有关内容，以熟习有关设计的方法和步骤；准备好设计所需要的图纸、资料和用具；拟订设计计划等。

2. 延伸孔型的设计计算

（1）根据设备、原料、钢种等因素选择合适的延伸孔型系统。

（2）首先设计出各等轴断面的尺寸。

（3）然后根据相邻两个等轴断面轧件的断面形状和尺寸设计中间轧件的断面形状和尺寸。

（4）再根据已确定的轧件断面形状和尺寸构成孔型。

3. 轧辊孔型设计

对轧辊的孔型进行设计。

4. 绘制断面孔型图

（1）绘制断面孔型图。

（2）标注尺寸。

5. 绘制配辊图

绘出配辊图，并标注尺寸。

6. 编写设计说明书

整理和编写设计计算说明书。

（三）设计报告（论文）书写阶段

（1）有针对性地查阅资料、文献以充实理论和课题。

（2）将设计的工艺及参数进行归纳、整理和分类并进行分析，找出规律性或经验性工艺，若认为某些工艺不可靠，可提出自己的观点。

（3）根据拟题方案及课题要求写出总结，设计试验报告。

报告内容包括：立题依据、设计依据、试验生产方案及设备、测试方法及有关数据和图表、原材料的分析、详细的设计工艺及总结结论，并提出存在的问题。

报告最后，写出自己此次设计性实验的心得体会，注明查阅的文献的名称、作者姓名、出版单位、出版日期，按序号写清楚。

三、主要设计内容及目标

（一）轧制规程（压下规程）设计（设定）

1. 概　述

制定压下规程的方法很多，一般分为经验法和理论法两大类。经验方法是参照现有类似轧机行之有效的实际压下规程（经验资料）进行压下分配及校核计算。理论方法就是从充分满足前述制定的轧制规程的原则要求出发，按预设的条件通过数学模型计算或图表方法，以求最佳的轧制规程。这是理想和科学的方法。

通常在板带生产中制订压下规程的方法和步骤如下：

（1）根据原料、产品和设备条件，在咬入能力允许的条件下，按经验分配各道次压下量，这包括直接分配各道次绝对压下量或压下率、确定各道次压下量分配率及确定各道次能耗负荷分配比等各种方法。

（2）制订速度制度，计算轧制时间并确定逐道次轧制温度。

（3）计算轧制压力、轧制力矩及总传动力矩。

（4）校核轧辊等部件的强度和电机过载过热能力。

（5）按前述制订轧制规程的原则和要求进行必要的修正和改进。

2. 限制压下量的因素

限制压下量的因素包括：金属塑性、咬入条件、轧辊强度及接轴叉头等的强度条件、轧制质量。

3. 道次压下量的分配规律（热轧）

道次压下量有以下两种分配规律：

（1）中间道次有最大的压下量。

开始道次受到咬入条件的限制，同时考虑到热轧的破鳞作用及坯料的尺寸公差等，为了留有余地，给予小的压下量。以后为了充分利用钢的高温给予大的压下量。随着轧件温度下降，轧制压力增大，压下量逐渐减小。最后为了保证板形采用较小的压下量，但这个压下量又必须大于再结晶的临界变形量，以防止晶粒过分粗大。

（2）压下量随道次逐渐减小。

压下量在开始道次不受咬入条件限制，开轧前除鳞比较好，坯料尺寸比较精确，因此轧制一开始就可以充分利用轧件的高温，采用大的压下量，以后随轧件温度的下降压下量逐渐减少，最后1~2道次为保证板形采用小的压下量，须大于再结晶的临界变形量。这种压下分配规律在二辊可逆和四辊可逆式轧机上经常使用。

4. 冷轧板带钢轧制规程制定

（1）原料选择

冷轧板带钢采用的坯料为热轧板带，坯料最大厚度受冷轧机设备条件（如轧辊强度、电机功率、允许咬入角、轧辊开口度等）限制；坯料最小厚度的确定则应考虑所轧成品的厚度、钢种、产品的组织性能要求以及供坯条件（如热轧带生产）等因素。一般厚度较薄的产品，则坯料厚度相应选择小一些。为满足产品最终的组织性能要求，坯料厚度的选择必须保证一定的冷轧总压下率。例如，连轧机总压下率一般为50%～65%，单机可达50%～89%，又如冷轧汽车板必须有30%以上（一般为50%～70%）的冷轧总压下率，否则晶粒大小和深冲性能达不到要求。硅钢板也需一定的冷轧总压下率（第二次冷轧总压下率一般取50%）才能保证其物理性能（电磁性能）。不锈钢板也要求一定的冷轧总压下率，以保证其表面质量。

（2）各道压下量分配

冷轧轧程是冷轧过程中每次中间退火前所完成的冷轧工作。冷轧轧程数的确定主要取决于所轧钢种的软硬特性、坯料及成品的厚度，所采用的冷轧工艺方式与工艺制度以及轧机的能力等，且随着工艺和设备的改进与更新，轧程方案也在不断变化。在确定冷轧轧程时，除了切实考虑已有的设备与工艺条件外，还应充分注意研究各种提高冷轧效率的可能性。

冷轧板带压下量的选择受到轧辊参数及它所能承受的最大压力、轧机结构、轧制速度以及电动机功率的限制。每道次的压下量和每个轧程总压下量的选择还应考虑金属的冷加工硬化的程度、钢的化学成分、前后张力、润滑条件以及成品最终的机械性能和长宽方向的厚度公差等因素。分配压下量时，力求各道次金属对轧辊的压力大致相同。第一、二道次利用金属塑性，可给较大压下量，但往往受到咬入条件限制，在良好润滑条件下经研磨的轧辊允许咬入角为30°～40°，而轧辊表面较粗糙的咬入角为50°～80°。第一道考虑到热轧来料的厚度偏差不宜采用过大压下量，中间道次随冷加工硬化的增加应逐道减少压下量。最后1～2道为保证板形和厚度精度一般采用较小压下量。由于冷轧板带的厚度较薄，故制订压下制度时一般采用分配压下率的方法。

（3）速度制度的制定

带钢冷连轧分常规冷轧工艺流程和全连续式冷轧工艺流程，常规冷连轧包括穿带过程的穿带速度，待穿带完毕后，机架间带钢产生张力，整个冷连轧机组以技术上允许的最大加速度迅速地从穿带时的低速，加速到预定的轧制速度，即进入稳定（恒速）轧制阶段。由于供冷轧用的带卷是由两个或以上的热轧卷焊接并成的大卷，焊缝处硬度一般较高，厚度与板卷其他部分也有差异，且边缘状况也不理想，因此，在冷连轧的稳定轧制阶段，当带钢的焊缝进入轧机前，为了避免损伤轧辊和防止断带，由光电焊缝检测器发出信号（焊缝旁的带钢在酸洗机组焊接时冲有一个圆孔），主传动速度调节系统自动减速，使焊缝过轧机时，其轧制速度降为稳定轧制速度的40%～70%，待焊缝通过轧机后又自动升速到稳定轧制速度。在稳定轧制阶段，轧制操作及过程的控制完全是自动进行的，操作工只起监视的作用，很少进行人工干预。在带尾快要到达卷尾时，轧机必须及时从稳定轧制速度降至甩尾速度，该速度一般与穿带速度相同。

（4）辊型制度的制定

辊型制度是通过轧辊辊型设计实现的。轧辊辊型设计的目的就是要先设计出合理的轧辊磨削凸凹度曲线，以补偿轧制时辊缝形状的变化量，获得横断面厚度较均匀的板材产品。在辊型设计时，对于轧辊的磨损不必考虑，而是在辊型使用和调整时加以考虑。这是因为轧辊磨损是时间的函数，新使用的轧辊无磨损，而在使用过程中轧辊磨损量随时间增长而增加。

故设计辊型只考虑轧辊的不均匀热膨胀和轧辊的弹性弯曲变形。辊型设计的内容为：确定轧辊辊身中部的磨削总凸（凹）度值（即所需总辊型值）及在一套轧辊上的分配、设计合理的辊型曲线。由于轧机类型和工作特点不同，辊型设计的方法和要求也各有差异。

冷轧时辊型设计包括确定工作辊凸度与辊型曲线两个重要问题。而工作辊的凸度与辊型曲线，对于四辊式冷轧机一般使用两工作辊均稍带凸度的辊型，这是与热轧板带辊型的根本区别。

（5）张力制度的制定

制定冷轧带钢的轧制规程时，在确定各道（架）的压下制度及相应的速度以后，还必须选定各道（架）的张力制度。这也是冷轧带钢轧制规程的另一个特点。在确定各架压下分配系数，即确定各架压下量或轧厚度的同时，还须根据经验选定各机架之间的单位张力。在计算机控制的现代化冷连轧机上，各类产品往往都有事先制定的压下分配系数表和单位张力表，供设定轧制规程之用。

（6）几个重要工艺参数的计算

① 轧制压力、轧制力矩的计算。

② 钢的变形抗力的计算方法。

③ 摩擦系数的计算。

（二）型钢孔型设计

孔型设计包括三方面内容：

（1）断面孔型设计。根据原料和成品断面形状和尺寸及对产品性能的要求，确定孔型系统、轧制道次和各道次变形量，以及各道次孔型形状和尺寸。

（2）配辊。确定孔型在各机架上的分配及其在轧辊上的配置方式，以保证轧件能正常轧制、操作方便、成品质量好和轧机产量高。

（3）轧辊辅件导卫或诱导装置的设计。诱导装置应保证轧件能按照所要求的状态进、出孔型，或者使轧件在孔型以外发生一定的变形，或者对轧件起矫正或翻转作用。

孔型设计是型钢生产中一项极其重要的工作，孔型设计应该做到：

（1）获得优质产品。即所轧产品断面形状应正确，断面尺寸在相关标准允许公差范围之内，表面光洁，内部组织及机械性能符合要求。

（2）轧机生产率高。轧机生产率决定轧机小时产量和作业率。一般情况下，轧制道次越少越好，在电机和设备允许的条件下尽可能实现交叉轧制，以达到加快轧制节奏，提高小时产量的目的。

（3）产品成本最低。孔型设计应保证轧制过程顺利，便于调整，减少切损和降低废品率。在用户无特殊要求情况下，尽可能按负偏差进行轧制。同时，合理的孔型设计也应保证减少轧辊和电能消耗。

（4）劳动条件好。孔型设计时除考虑安全生产外，还应考虑轧制过程易于实现机械化和自动化，轧制稳定，便于调整，轧辊辅件坚固耐用，装卸容易。

四、试验生产、质量检测

1. 原材料及试验设备的准备阶段

根据设计方案检查所需原材料及设备的调试。

2. 安全操作规程的学习阶段

为了安全顺利地完成本次试验任务，操作前必须认真学习《轧钢安全操作规程》。树立牢固的安全意识，懂得如何保护自己、如何处理突发紧急事件，杜绝安全事故的发生，确保人身安全。

3. 试验生产阶段

根据制定的轧钢操作规程，在指导老师的统一安排下完成轧制，做好试验各种数据的记录。

4. 分析总结

对实验数据进行分析总结，下一步完善设计方案。

五、实训报告要求和成绩考核

按设计试验内容撰写设计报告。报告要思路清晰、翔实，写出自己的认识和特色。必须根据试验的具体内容，结合自己查阅的文献资料，充实报告内容，主动地、创造性地进行设计试验，写出设计试验体会。使用规定的综合设计性实验封面，按要求书写课程设计说明书并装订成册，如附有图纸或附件需单独装订。

第二节 冷轧压下规程计算例题

在 1 200 mm 四辊可逆式冷轧机上用 $1.85 \times 1\ 000$ mm 的坯料轧制 $0.38 \times 1\ 000$ mm 的钢带钢卷，钢种为 Q215，轧辊直径为 $\phi 400/1\ 300$ mm，最大允许轧制压力为 18 000 kN，卷取机最大张力为 100 kN，折卷机张力为 34 kN，摩擦系数 f 因第一道不喷油，故 f 取 0.08，以后喷乳化液，取 $f = 0.05 \sim 0.06$。试设计其压下规程。

解：在可逆式轧机至少轧制 3 道，故参考经验资料，初步制订压下规程见表 2.2。

表 2.2　冷轧 $0.38 \times 1\ 000$ 带钢压下规程

道次号	H/mm	h/mm	Δh/mm	ε/%	轧速/（m/s）	前张力/kN	后张力/kN	$\bar{p}$/MPa	总压力/kN
1	1.85	1.00	0.85	46	2.0	80	30	810	12 200
2	1.00	0.50	0.50	50	5.0	50	80	1 120	14 100
3	0.50	0.38	0.12	24	3.0	30	50	1 400	12 300

计算各道轧制压力的步骤举例说明如下：

第一道 由退火坯料开始轧制，压下量 $\Delta h = 0.85$ mm，冷轧总压下率为 46%。求平均总压下率 $\sum \bar{\varepsilon} = 0.4\varepsilon_0 + 0.6\varepsilon_1 = 0.6 \times 46\% = 28\%$，由图 2-1 查出对应于 $\sum \bar{\varepsilon} = 28\%$ 的 $\sigma_{0.2} = 490$ MPa。

求平均单位张力：

$$Q_1 = \frac{80 \times 10^3}{1\,000 \times 1} = 80 \text{ MPa}$$

$$Q_0 = \frac{30 \times 10^3}{1\,000 \times 1.85} = 16 \text{ MPa}$$

故 $$\bar{Q} = \frac{80 + 16}{2} = 48 \text{ MPa}$$

故 $1.15\bar{\sigma}_s - \bar{Q} = 1.15 \times 490 - 48 = 515$ MPa，计算 $l = \sqrt{R\Delta h} = \sqrt{200 \times 0.85} = 13$ mm

计算 $$\frac{fl}{\bar{h}} = \frac{0.08 \times 13}{1.43} = 0.73$$

故 $$(fl/\bar{h})^2 = 0.73^2 = 0.53$$

计算图 2.2 中的第二个参数 $2Cf(1.15\bar{\sigma}_s - \bar{Q})/\bar{h}$

$$C = 8(1 - v^2)R/\pi E = \frac{8(1 - 0.3^2)}{3.14 \times 210\,000} \times 200 = 0.002\,2$$

则 $$2Cf(1.15\bar{\sigma}_s - \bar{Q})/\bar{h} = \frac{2}{1.43} \times 0.002\,2 \times 515 \times 0.08 = 0.128$$

由图 2.2 查出 $$x = \frac{fl'}{h} = 0.84$$

由表 2.3 查出 $$\frac{e^x - 1}{x} = 1.567$$

故 $$\bar{p} = 1.567 \times (1.15\bar{\sigma}_s - \bar{Q}) = 1.567 \times 515 = 810 \text{ MPa}$$

由 $fl'/\bar{h} = 0.84$ 求出 $l' = 0.84 \times \dfrac{1.43}{0.08} = 15$ mm

所以总压力 $p = Bl' \cdot \bar{p} = 1\,000 \times 15 \times 810 = 12\,200$ kN

第二道 入口总压下率为 46%，出口总压下率为 73%；$\Delta h = 5$ mm，其平均总压下率为 62%，对应于 $\sum \bar{\varepsilon} = 62\%$ 的 $\sigma_{0.2} = 700$ MPa。

前张应力 $Q_1 = 100$ MPa，后张应力 $Q_0 = 80$ MPa，故平均单位张力 $\bar{Q} = 90$ MPa。

$$l = \sqrt{R \cdot \Delta h} = 100 \text{ mm}，故 fl/\bar{h} = 0.66，则 (fl/\bar{h})^2 = 0.43。$$

由 $C = 0.002\,2$，$f = 0.05$，$\bar{h} = 0.75$ mm，得

$$2Cf(1.15\bar{\sigma}_s - \bar{Q})/\bar{h} = \frac{0.05}{0.75} \times 2 \times 0.002\,2 \times (1.15 \times 700 - 90) = 0.21$$

由图 2.2 查出 $x = \dfrac{fl'}{h} = 0.84$，则 $l' = 12.6$ mm

由表 2.3 查出 $\dfrac{e^x - 1}{x} = 1.567$

故 $$\overline{p} = 1.567 \times (1.15\overline{\sigma}_s - \overline{Q}) = 1120 \text{ MPa}$$

总压力 $$p = B \cdot l' \cdot \overline{p} = 14\,100 \text{ kN}$$

第三道　计算，计算结果列于表 2.2 中。

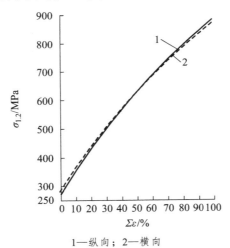

1—纵向；2—横向

图 2.1　Q215 加工硬化曲线

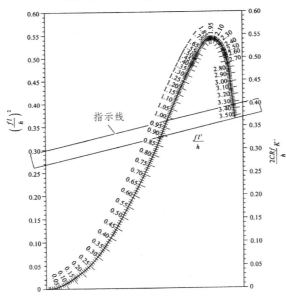

图 2.2　轧辊压扁时平均单位压力图解（斯通图解法）

表 2.3　函数值

m	0	1	2	3	4	5	6	7	8	9
0.0	1.000	1.005	1.010	1.015	1.020	1.025	1.030	1.035	1.040	1.046
0.1	1.051	1.057	1.062	1.068	1.073	1.078	1.084	1.089	1.095	1.100
0.2	1.106	1.112	1.118	1.125	1.131	1.137	1.143	1.149	1.155	1.160
0.3	1.166	1.172	1.178	1.184	1.190	1.196	1.202	1.209	1.215	1.222

m	0	1	2	3	4	5	6	7	8	9
0.4	1.229	1.236	1.243	1.250	1.256	1.263	1.270	1.277	1.284	1.290
0.5	1.297	1.304	1.311	1.318	1.326	1.333	1.340	1.347	1.355	1.362
0.6	1.370	1.378	1.386	1.493	1.401	1.409	1.417	1.425	1.433	1.442
0.7	1.450	1.458	1.467	1.475	1.483	1.491	1.499	1.508	1.517	1.525
0.8	1.533	1.541	1.550	1.558	1.567	1.577	1.586	1.595	1.604	1.613
0.9	1.623	1.632	1.642	1.651	1.660	1.670	1.681	1.690	1.700	1.710
1.0	1.719	1.729	1.739	1.749	1.760	1.770	1.780	1.790	1.800	1.810
1.1	1.820	1.832	1.843	1.854	1.865	1.876	1.887	1.899	1.910	1.921
1.2	1.933	1.945	1.957	1.968	1.978	1.990	2.001	2.013	2.025	2.037
1.3	2.049	2.062	2.075	2.088	2.100	2.113	2.126	2.140	2.152	2.165
1.4	2.181	2.195	2.209	2.223	2.237	2.250	2.264	2.278	2.291	2.305
1.5	2.320	2.335	2.350	2.365	2.380	2.395	2.410	2.425	2.440	2.455
1.6	2.470	2.486	2.503	2.520	2.536	2.553	2.570	2.586	2.603	2.620
1.7	2.635	2.652	2.667	2.686	2.703	2.719	2.735	2.752	2.769	2.790
1.8	2.808	2.826	2.845	2.863	2.880	2.900	2.918	2.936	3.955	2.974
1.9	2.995	3.014	3.032	3.053	3.072	3.092	3.112	3.131	3.150	3.170
2.0	3.195	3.216	3.238	3.260	3.282	3.302	3.322	3.346	3.368	3.390
2.1	3.412	3.435	3.458	3.480	3.503	3.530	3.553	3.575	3.599	3.623
2.2	3.648	3.672	3.697	3.722	3.747	3.772	3.798	3.824	3.849	3.876
2.3	3.902	3.928	3.955	3.982	4.009	4.037	4.064	4.092	4.119	4.148
2.4	4.176	4.205	4.234	4.262	4.291	4.322	4.352	4.381	4.412	4.442
2.5	4.473	4.504	4.535	4.567	4.599	4.630	4.662	4.695	4.727	4.761
2.6	4.794	4.827	4.861	4.895	4.929	5.964	4.998	5.034	5.069	5.104
2.7	5.141	5.176	5.213	5.250	5.287	5.324	5.362	5.400	5.438	5.477
2.8	5.516	5.555	5.595	5.634	5.674	5.715	5.756	5.797	5.838	5.880
2.9	5.922	5.964	6.007	6.050	6.093	6.137	6.181	6.226	6.271	6.316

第三节　热轧型钢延伸孔型设计及实例

一、概　述

延伸孔型设计目的：

（1）通过本次课程设计，把在"金属塑性加工学"及"塑性成型原理"课程中所学的知识在实际的设计工作中综合地加以运用，使这些知识得到巩固、加深和发展。

（2）进一步培养学生对工程设计的独立工作能力，树立正确的设计思想，掌握金属压力加工工艺设计的基本方法和步骤，为以后进行设计工作打下良好的基础。

二、延伸孔型的设计方法

1. 理论计算法

延伸孔型系统一般都是间隔出现方或圆孔型，设计时首先设计计算出方（圆）孔型中轧件的断面尺寸，然后根据相邻两个方（圆）轧件尺寸计算出中间轧件的断面尺寸，最后根据轧件断面形状和尺寸构成孔型。

2. 经验法

首先制定压下规程（根据经验分配各道压下量确定翻钢程序），确定各道轧件尺寸，最后根据轧件尺寸构成孔型。其中宽展量可根据经验确定也可按公式计算。

该法特点是孔型共用程度大，现场上经常采用。

三、延伸孔型的设计步骤

本次延伸孔型课程设计采用理论计算法。

轧制生产过程中，为获得某一断面的成品，通常要有一定数量的精轧孔型和延伸孔型，而在精轧孔型之前的延伸孔型则是把大断面的钢锭或钢坯轧成第一个精轧孔型所需的轧件断面形状和尺寸。延伸孔型通常有箱形（方箱和矩箱）、方形、菱形、椭圆形、六角形及圆形等，延伸孔型系统就是这些孔型的组合。延伸孔型设计的目的就是要确定出延伸孔型的数目（道次数）、形状和尺寸。一般按下列步骤进行。

（一）选择延伸孔型系统

延伸孔型系统有：箱形孔型系统、菱-方孔型系统、菱-菱孔型系统、椭圆-方孔型系统、六角-方孔型系统、椭圆-圆孔型系统、圆-椭圆孔型系统及混合孔型系统等，如何合理地选用孔型系统，要根据具体的轧制条件（如轧机类型、轧辊直径、轧制速度、电机能力、轧机前后辅助设备、原料尺寸、钢种、生产技术水平及操作习惯等）来确定。

1. 箱形孔型系统

箱形孔型系统具有可在同一孔型中轧制多种尺寸不同的轧件，共用性大，可以减少孔数，减少换孔或换辊次数，有利于提高轧机的作业率；在轧件断面相等的条件下，与其他孔型系统的孔型相比，箱形孔型系统的孔型在轧辊上的切槽较浅，相对地提高了轧辊强度，可增大压下量，对轧制大断面的轧件是有利的；在孔型中轧件宽度方向上的变形比纹均匀，同时因为孔型中各部分之间的速度差较小，所以孔型的磨损较为均匀，磨损也较少；氧化铁皮易于脱落；轧件在箱形孔中轧制比在光辊上轧制稳定；轧件断面温降较为均匀等优点，适用于初轧机、轨梁轧机、二辊和三辊开坯机、连续式钢坯轧机、中小型或线材轧机的开坯轧机，轧制大中型断面钢坯或生产大断面的成品方钢，也可以用于型钢轧机的前几道次作为延伸孔型，有利于除去轧件上的氧化铁皮。

箱形孔型的缺点是有时难以从箱形孔型中轧出几何形状精确的方形或矩形断面的轧件，轧件断面越小，这种现象越严重，因此箱形孔型不适于轧制要求断面形状精确的小轧件。另外轧件在箱形孔型中只能在一个方向受到压缩，其侧表面不易平直，有时出现皱纹，同时角部的加工也不足。

2. 菱-方孔型系统

菱-方孔型系统能轧出四边平直，角部和断面准确的方形断面轧件，且在同一套孔型中能轧出几种不同尺寸的方坯和方钢；轧件在孔型中比较稳定，对于导卫装置要求并不严格。因此主要用于中小型轧机轧制 60 mm × 60 mm ~ 80 mm × 80 mm 以下的方坯或方钢，或作为三辊开坯机的后几个孔型，即用箱形与菱-方孔型组成混合孔型系统。

菱-方孔型系统的缺点是四面受压缩，氧化铁皮不易脱落，影响产品表面质量；菱形轧件角部较尖，冷却较快，而且角部在轧件断面上的部位不能变换，轧制某些合金钢时易出现角部位裂；与箱形孔型系统相比，切入轧槽较深，影响轧辊强度；轧槽各处工作直径差较大，因此孔型磨损不均。

3. 椭-方孔型系统

椭-方孔型系统的优点是：变形系数大；能变换轧件角部的位置；轧件能得到多方向上的压缩，对于改善金属的内部组织和提高钢材的质量较为有利；轧件在孔型中所处的状态较稳定，有利于操作；椭圆孔型在轧辊上的切槽较浅。其缺点是不均匀变形严重，椭圆孔比方孔磨损快等。

椭-方孔型系统常用作小型或线材轧机的延伸孔型，轧制 50 ~ 70mm 以下的断面。

4. 椭-圆孔型系统

椭圆-圆孔型系统中变形较为均匀，轧制前后的断面形状过度缓和，能防止产生局部应力；轧件断面各处冷却均匀；氧化铁皮易于脱落；还可由延伸孔型轧出成品圆钢，减少了轧辊数量和换辊次数。

椭圆-圆孔型系统多用于轧制低塑性的高合金钢。

5. 六角-方孔型系统

六角-方孔型系统中沿轧件宽度方向变形较为均匀，单位压力、总轧制力和能量消耗都较小；轧辊磨损小且均匀。一般广泛用于小型和线材轧机的毛轧或毛轧机组上，所轧的方件边长 $a = 15 ~ 55$ mm。常用在箱型系统之后和椭-方孔型系统之前，组成混合孔型系统。

（二）确定孔型系统中的方（圆）孔型中的轧件尺寸

（1）确定总延伸系数：$\mu_{\Sigma} = \dfrac{F_0}{F_x}$。

（2）确定平均延伸系数，计算轧制道次。

① 按表 2.4 选取延伸系数和宽展系数。

表 2.4　轧件在孔型中的延伸系数和宽展系数

孔型系统	平均延伸系数	宽展系数		方孔型宽展系数
箱形	1.15 ~ 1.4	0.25 ~ 0.45		0.2 ~ 0.3
菱-方	1.2 ~ 1.4	0.3 ~ 0.5		0.25 ~ 0.4
椭-方	1.25 ~ 1.6	$a = 6 \sim 9$	1.4 ~ 2.2	0.3 ~ 0.5
		$a = 9 \sim 14$	1.2 ~ 1.6	
		$a = 14 \sim 20$	0.9 ~ 1.4	
		$a = 20 \sim 30$	0.7 ~ 1.1	
		$a = 30 \sim 40$	0.55 ~ 0.9	
菱-菱	1.2 ~ 1.38	0.25 ~ 0.3		
六角-方	1.4 ~ 1.6	$A > 40$	0.5 ~ 0.7	0.4 ~ 0.7
		$A < 40$	0.65 ~ 1.0	
椭圆-圆	1.3 ~ 1.4	0.5 ~ 0.95		0.3 ~ 0.4（圆）
椭-立椭	1.15 ~ 1.34	0.5 ~ 0.6		0.3 ~ 0.4（立椭）

② 确定轧制道次：$n = \ln \mu_\Sigma / \ln \mu_p$

（3）逐道分配延伸系数并检验。

逐道分配延伸系数 $\mu_1 \times \mu_2 \times \cdots \times \mu_n = \mu_\Sigma$

（4）确定方（圆）轧件尺寸。

如图 2.3 所示：

$$\mu_{f_1} = \mu_1 \times \mu_2, \quad \mu_{f_2} = \mu_3 \times \mu_4, \cdots, \quad \mu_{f_{n/2}} = \mu_{n-1} \times \mu_n$$

则　　　$F_{f1} = F_0 / \mu_{f1}, F_{f2} = F_{f1} / \mu_{f2}, \cdots$

方件边长：$a = \sqrt{F_f}$

圆轧件可以当作方轧件处理：$R = \sqrt{F / \pi}$。

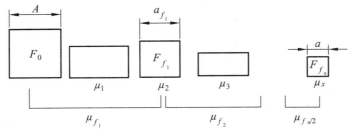

图 2.3　方轧件尺寸

（三）确定中间轧件尺寸

此处所指的中间轧件是指前后两个方（圆）件之间的轧件，可为矩形、菱形、六角形、椭圆等，且所指的中间轧件断面尺寸是指最高和最宽处尺寸。

1. 中间轧件一般应满足的条件

① $h_2 < b_A$, $h_2 < b_a$。

② $b_2 > h_A$, $b_2 > h_a$。

③ 有些例外，如有负宽展时。

2. 中间轧件尺寸的确定方法

① 箱形孔型（中间轧件为矩形），如图 2.4 所示。

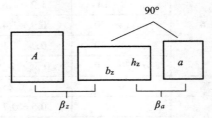

图 2.4　矩形中间轧件尺寸

$$\beta_z = \frac{b_z - A}{A - h_z}, \quad \beta_a = \frac{a - h_z}{b_z - a}$$

联解得：
$$b_z = \frac{A(1 + \beta_z) - \alpha\beta_z(1 + \beta_a)}{1 - \beta_z\beta_a}$$

$$h_z = \frac{\alpha(1 + \beta_a) - A\beta_a(1 + \beta_z)}{1 - \beta_z\beta_a}$$

② 中间轧件为椭圆、六角形时（见图 2.5）。

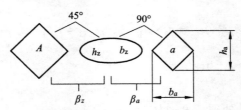

图 2.5　椭圆中间轧件尺寸

$$b_z = \frac{A(1 + \beta_z) - \beta_z(b_a + \beta_a h_a)}{1 - \beta_z\beta_a}$$

$$h_z = \frac{b_a + \beta_a h_a - A\beta_a(1 + \beta_z)}{1 - \beta_z\beta_a}$$

③ 中间轧件为菱形时（见图 2.6）。

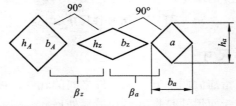

图 2.6　菱形中间轧件尺寸

$$b_z = \frac{h_A + \beta_z b_A - \beta_z(b_a + \beta_a h_a)}{1 - \beta_z \beta_a}$$

$$h_z = \frac{b_a + \beta_a h_a - \beta_a(h_A + \beta_z b_A)}{1 - \beta_z \beta_a}$$

式中　h_z、b_z——中间轧件的最高和最宽处尺寸（轧件尺寸）；

b_A、h_A、b_a、h_a——方件在孔型中的最高和最宽处尺寸，是轧件尺寸，非孔型尺寸，可取边长的 1.2 倍。

当中间孔为菱形时，为简化计算，均以尖角处的尺寸为准，这样，h_z、b_z、b_A、h_A、b_a、h_a 均为对角线尺寸。

（四）孔型的构成

在确定轧件断面尺寸之后，根据各孔中轧件尺寸来确定孔型尺寸，构成孔型。构成各孔型时应注意以下问题：

1. 箱形孔的构成

① 扁箱形孔型（矩形孔）。

$h_K = h$，轧件 $= h_z$，$b_K = B - (0 \sim 6)$。

$B_K = b_z + \Delta = B = \Delta b + \Delta$，$\Delta = 5 \sim 12$，$\Delta b = \beta \Delta h$。

$R = (0.1 \sim 0.2)h_K$，$r = (0.05 \sim 0.15)h_K$，$y = 10\% \sim 25\%$。

$S = (0.012 \sim 0.02)D$ 或按轧机弹跳值选，大中型开坯机：$S = 8 \sim 15$，小型开坯机：$S = 5 \sim 10$。

② 方箱形孔型。

$h_K = h$，轧件 $= h_z$，$b_K = B - (0 \sim 6)$。

$B_K = b_z + \Delta = B = \Delta b + \Delta$，$\Delta = 5 \sim 8$，$\Delta b = \beta \Delta h$。

$R = (0.1 \sim 0.2)h_K$，$r = (0.05 \sim 0.1)h_K$，$y = 10\% \sim 20\%$。

③ 矩、方孔型的凸度。

使用凸度的目的：在辊道上运行平稳，防止翻钢后出现过度充满，最后一个孔应无凸度。

凸度的形式：曲线、折线、直线。

凸度的大小：视轧机和轧制条件而定。

2. 立方孔型的构成

由于两条对角线上轧件的温度、温降及轧辊的磨损不一致，孔型构成高度应稍小于构成宽度，即 $h = (1.4 \sim 1.41)a$，$b = (1.41 \sim 1.42)a$，相当于顶角为 $90°30'$。

其他尺寸：$h_K = h - 0.828R$，$B_K = b - s$

$$R = (0.1 \sim 0.2)h, \quad r = (0.1 \sim 0.35)h, \quad s = 0.1a$$

3. 菱形孔型的构成

为了简化计算，将前面计算出的菱形轧件尺寸看成是孔型尖角处的尺寸：

$$h = h_z, \quad b = b_z \quad （h、b \text{为孔型构成尺寸}）$$

$$B_K(b_K) = b(1 - S/h)$$

$$h_K = h - 2R\left(\sqrt{1 + \left(\frac{h}{b}\right)^2} - 1\right)$$

$$S = (0.1 \sim 0.2)h_z \quad （或按弹跳情况选取）$$

$$R = (0.1 \sim 0.2)h, \quad r = (0.1 \sim 0.35)h$$

$$\tan(\gamma/2) = h/b, \quad \alpha = 180° - \gamma$$

孔型面积： $F_l = \dfrac{1}{2}bh$

精确计算孔型面积： $F_l = \dfrac{1}{2}bh - s^2 \cot\dfrac{\alpha}{2} - 2R^2\left(\tan\dfrac{\alpha}{2} - \dfrac{\pi r}{360}\right)$。

校核时，若发现 $B_z > B_K$，则要修改孔型，取 $B_K = (1.088 \sim 1.11)b_z$，即相当于充满度为 $0.9 \sim 0.92(\delta = b_z / B_K)$。

4. 椭圆孔的构成

$$B_K = (1.088 \sim 1.11)b_z, \quad h_K = h_z, \quad s = (0.2 \sim 0.3)h_K$$

$$R = \frac{(h_K - s)^2 + B_K^2}{4(h_K - s)}, \quad r = (0.08 \sim 0.12)B_K$$

粗略计算孔型面积： $F = \dfrac{2}{3}b_z(h_K - s) + sbz$。

5. 六角孔的构成

进入六角孔的方件边长为 A，轧后轧件的尺寸为 h_z、b_z，则：

$$h_K = h_z, \quad b_k = A - 2R[1 - \tan(45° - \psi/2)]$$

$$B_K = b_K + (h_z - s)\tan\psi \quad 或取 \quad B_K = (1.05 \sim 1.18)b$$

$\alpha \leqslant 90°$，一般可取为 $80° \sim 90°$（取 $90°$）。A 较大时，接近 $90°$；当 A 较小时，取下限，$\psi = 90° - \alpha/2$。

$$R = (0.3 \sim 0.6)h_K, \quad r = (0.2 \sim 0.4)h_K, \quad s = (0.1 \sim 0.2)h_K$$

6. 圆孔型的构成

$$h_K = 2\sqrt{F/\pi} = 2R, \quad B_K = 2R + \Delta, \quad \Delta = 2 \sim 4$$

扩张角 $\alpha = 15° \sim 30°$，常用 $30°$。

$$r = 2 \sim 5, \quad s = 2 \sim 5$$

扩张圆半径可用作图法求得，也可计算得出：

$$R' = \frac{B_K^2 + s^2 + 4R^2 - 4R(\sin\alpha + B_K\cos\alpha)}{8R - 4(\sin\alpha + B_K\cos\alpha)}$$

若 $\alpha = 30°$ ，则：

$$R' = \frac{\sqrt{\left(\dfrac{h_K}{4} - \dfrac{s}{2}\right)^2 + \left(\dfrac{B_K}{2} - \dfrac{\sqrt{3}}{4}h_K\right)^2}}{2\cos\left[60 + \arctan\left(\dfrac{4B_K - 2\sqrt{3}h_K}{2h_K - 4s}\right)\right]}$$

若计算出的 R' 为负值，则表示采用反向圆弧。

（五）校核、修改

延伸孔型尺寸确定完成后，还应进行校核和修改。一般根据原料尺寸从第一孔开始逐道计算压下量和宽展量，确定出各孔中轧件的实际尺寸。当出现 $b_z \geqslant B_K$ 或 $\delta = b_z / b_K \geqslant 0.95$ 时就应修改孔型尺寸，此时可适当加大槽口尺寸 B_K ，以防止轧制时出现过度充满（或充满度过大）而形成耳子，翻钢轧制后出现折叠，影响产品表面质量。

四、轧辊孔型图的设计与计算

（一）孔型在轧制面上水平方向的配置

1. 原　则

（1）各机架轧制时间基本均衡。
（2）成品孔型与成品前孔应单独配置，以利于调整。
（3）备作孔的数目随接近于成品孔而增多，以保证产品质量，减少换辊次数。

2. 辊环宽度的确定

辊环宽度取决于辊环的强度以及安装、调整辅件的操作条件。一般取为：钢轧辊 $b_z \geqslant h_p / 2$ ；铁轧辊 $b_z > h_p$ 。边辊环的宽度按表 2.5 选取。

表 2.5　各种轧机的边辊环宽度

轧机	初轧机	轨梁与大型轧机	三辊开坯机	中小型轧机
边辊环宽度/mm	≥50~100	≥100~150	≥60~150	≥50~100

（二）孔型在轧制面上垂直方向的配置

1. 几个基本尺寸的确定

（1）原始中心距（最大中心距）。

新辊时，上下轧辊轴线间距：$D_{sx} = D_{max} + S = D_0\left(1 + \dfrac{K}{2}\right)$ 。

当上下辊直径相等时：D_{max} 为新辊直径；S 为辊缝值；D_0 为名义直径；K 为重车率，开坯机、型钢轧机：$K = 0.08 \sim 0.12$。

（2）假想原始直径。

在保持原始中心距不变的条件下，认为上下两轧辊靠拢，中间没有辊缝时的轧辊直径，$D_s(D_x) = D_{max} + S$。

（3）"压力"。

上下轧辊工作直径之差。

2. 几条基本直线的确定

（1）轧辊中线。

上下轧辊轴线间距的等分线，也称轧辊平分线。

（2）轧制线。

轧制线是一条排列着孔型的线，是在轧制面上垂直方向配置孔型的基准线。

当采用"上压力"时，轧制线位于轧辊中线下方 $\dfrac{\Delta Dgs}{4}$ 处；

当采用"下压力"时，轧制线位于轧辊中线上方 $\dfrac{\Delta Dgx}{4}$ 处。

（3）孔型中性线。

确定孔型中性线的目的是在配辊时使其与轧制线重合。确定方法有两种：

① 简单断面孔型：孔型水平对称轴线即是孔型中性线。

② 复杂断面孔型：采用近似法，如重心法（悬挂法）、周边重心法、面积相等法等。

3. 步　骤

（1）按原始中心距确定上下轧辊轴线。

（2）确定轧辊中线。

（3）根据轧制条件确定是否采用"压力"轧制以及"上压"或"下压"值的大小。

（4）根据压力值确定轧制线距轧辊中线的距离及其方位。

（5）确定孔型中性线。

（6）使孔型中性线与轧制线重合，确定出孔型各处的轧辊直径，画出轧辊图。

五、延伸孔型设计实例

用 120 mm × 120 mm 方坯轧制 $\phi26$ 圆坯的孔型设计，孔型系统如图 2.7 所示。

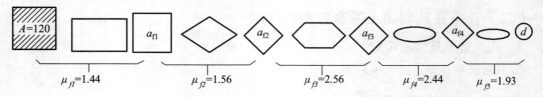

图 2.7

确定各方（圆）轧件尺寸

$$a_{f_1} = \frac{A}{\sqrt{\mu_{f_1}}} = \frac{120}{\sqrt{1.44}} = 100, \quad a_{f_2} = \frac{a_{f_1}}{\sqrt{\mu_{f_2}}} = \frac{100}{\sqrt{1.56}} = 80$$

同理可得：$a_{f_3} = 50$，$a_{f_4} = 32$，$d = 26$。

2. 确定各中间轧件尺寸

根据孔型系统宽展系数范围，各孔宽展系数如表 2.6 所示。

表 2.6　各道次宽展系数

k_1	k_2	k_3	k_4	k_5	k_6	k_7	k_8	k_9	k_{10}
0.3	0.3	0.5	0.4	0.5	0.5	0.6	0.5	0.8	0.4

矩形轧件：

$$\beta_1 = 0.3 = \frac{b-120}{120-h} \qquad\qquad \beta_2 = 0.3 = \frac{100-h}{b-100}$$

联解得：$h = 91$，$b = 128.6$。

菱形孔型轧件：

$$0.5 = \frac{b-1.41\times100}{1.41\times100-h} \qquad\qquad 0.4 = \frac{1.41\times80-h}{b-1.41\times80}$$

联解得：$h = 91.7$，$b = 165.7$。

六角形孔型轧件：

$$0.5 = \frac{b-80}{80-h} \qquad\qquad 0.5 = \frac{1.2\times50-h}{b-1.2\times50}$$

联解得：$h = 40$，$b = 100$。

同理可得：

第七孔（椭圆）：$h = 25$，$b = 65$；第九孔（椭圆）：$h = 19.6$，$b = 41.9$。

3. 确定孔型尺寸

根据孔型尺寸确定原则和方法，各孔型尺寸如表 2.7 所示，确定过程略。

表 2.7　孔型尺寸表　　　　　　　　　　　　　　　　　单位：mm

孔	孔型	$h\times b(a、d)$	孔高	b_k	B_K	S	R	r	δ	α	y
1	矩形	91×128.6	91	115	135	10	12	12	5	—	24.7
2	箱方	100	100	88	105	10	12	12	—	—	18.9
3	菱形	91.7×165.7	86	—	182	10	20	10	—	123/57	—
4	立方	80	104.5	—	108.6	5	10	15	—	—	—

孔	孔型	$h \times b(a、d)$	孔高	b_k	B_K	S	R	r	δ	α	y
5	六角	40×100	40	56	110	5	20	15	—	88/46	—
6	立方	50	62.2	—	66	5	10	15	—	—	—
7	椭圆	25×65	25		71.5	5	36.5	5	—	—	—
8	立方	32	41	—	40.4	5	5	8	—	—	—
9	椭圆	19.6×41.9	19.6		46	5	40	2	—	—	—
10	圆	26	26	—	28	2	321	2	—	30	—

4. 校核、修改

经校核、修改后的尺寸如表 2.8 所示，校核、修改过程略。

表 2.8　修改后孔型尺寸表

孔	孔形	孔高	压下量	β	宽展量	实际 b_z	B_K	$B_z < B_K$
0	—	120	—				—	—
1	矩形	91	29	0.3	8.7	128.7	135	Y
2	箱方	100	28.7	0.3	8.6	99.6	105	Y
3	菱形	86	45	0.5	22.5	153.5	182	Y
4	立方	104.5	49	0.4	19.6	105.6	108.6	Y
5	六角	40	40	0.5	20	100	110	Y
6	立方	62.2	37.8	0.5	18.9	58.9	66	Y
7	椭圆	25	25	0.6	15	65	71.5	Y
8	立方	41	24	0.5	12	37	40.4	Y
9	椭圆	19.6	12.4	0.8	9.9	42	46	Y
10	圆	26	16	0.4	6.4	26	28	y

5. 画孔型图

配孔型图，并标注尺寸。

6. 画配辊图

根据要求画配辊图（略）。

第三章 铸 造

第一节 实训基本要求

一、实训流程

实训流程如图 3.1 所示。

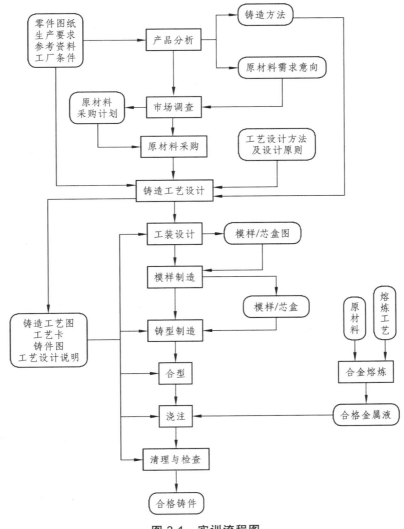

图 3.1 实训流程图

二、实训安排

（一）实训动员与准备

（1）指导教师讲解实训目的、意义、方向、安排、注意事项等。

（2）学生分组。每组 5 人，其中组长 1 人。

（3）实训任务。每组选择 1 种产品进行实训。

（4）编制实训计划。实训计划包括实训的时间安排、小组成员分工。

实训小组集体讨论后，填写实训计划表，见附件五。

（二）产品分析阶段

（1）根据产品图纸、生产要求、实验室条件，结合所学理论知识及查询资料，选择铸件生产的铸造方法。

（2）根据图纸对铸件材质要求及所选铸造方法，提出实训所需原材料的采购意向。

本阶段实训要求：

（1）铸造方法限选砂型铸造。

（2）填写实训所用原材料采购意向表，见附件六。

（三）市场调查

调查拟购原材料的供应情况、市场价格、国内外的应用情况等，确定原材料采购计划。

本阶段实训要求：完善附件六的内容。

（四）铸件铸造工艺设计

根据产品图纸、生产要求、实验室条件、选择的铸造方法，结合所学理论知识及查询的资料，在铸造工艺设计"六原则"的指导下完成铸件铸造工艺设计。

本阶段实训要求：

（1）每组设计出铸件铸造工艺图后，小组集体向指导教师陈述设计思想，教师对小组的设计进行点评，提出工艺修改建议。在此基础上，学生完善相应铸件铸造工艺设计。

（2）小组设计的工艺经教师签字认可后可进行下一个环节的实践。

（3）工艺设计的输出应包括：铸造工艺图、设计说明书。

（五）模样设计与制作

学生根据教师确认的设计工艺图完成模样及芯盒设计，并绘制模样/芯盒图绘制，以泡沫塑料为材料，在泡沫塑料切割机上按照所设计的模样/芯盒图完成模样及芯盒的制作。

本阶段实训要求：

制作的模样/芯盒连同教师认可的工艺图、模样/芯盒图一起交指导教师处，教师检查合格后拍照留存，同时让学生拍照以便在实训报告中使用。

（六）铸型制造

（1）型砂配制工艺设计及配置。

根据铸件、实验室条件在粘土砂、水玻璃砂、水玻璃自硬砂中选择一种进行配制工艺设计，并按混制工艺完成型砂混制。

当原砂粒度不符合工艺要求时，应采用破碎机和圆盘粉碎机加工处理。

（2）铸型制作与铸型干燥。

按所设计的工艺用制作的模样/芯盒制作铸型，因实验室缺乏砂箱，造型时均为无箱且不翻箱手工操作，待铸型自然干燥24 h具有一定强度后，在铸型型腔表面、浇口部位及砂芯表面（不包括芯头部分）刷涂涂料，然后移至干燥箱中干燥，干燥温度和时间根据铸型具体情况确定。铸型干燥后，应在分型面上画出型腔特征线，以便合型。

本阶段实训要求：

（1）型砂配制工艺应包括原砂种类和粒度、粘接剂种类及加入量、加料顺序及混制时间等内容。

（2）制作的铸型应外形方正，型腔表面无掉砂和浮砂黏附，型腔、型芯刷涂料后表面光洁。

（3）操作过程及铸型、砂芯应拍照留存。

（七）合　型

按所设计的铸造工艺合型，并加压重物以防浇注时铸型浮起跑火。

本阶段实训要求：合型时要确保分型面特征线对齐，避免错箱。

（八）合金熔炼与浇注

（1）合金熔炼工艺设计。

设计ZL102合金熔炼工艺，包括熔炼炉的选择，熔炼操作的配料与加料，熔液的覆盖、精炼与变质，熔炼的温度控制等。

（2）合金熔炼。

按所设计的工艺进行熔炼操作，操作中应注意安全，杜绝人身和设备安全事故。

（3）铸件浇注。

浇注时应注意速度，先慢浇以便金属液对准浇口杯，然后加快浇注速度，待快充满时降低浇速，表面金属液溢出。浇注中要胆大心细，其他人员应远离浇注现场。

本阶段实训要求：确保安全。

（九）铸件清理与检查

（1）落砂与铸件清理。

将铸件从铸型中取出，清除铸件表面的型砂，用钢锯锯除浇冒口系统。

（2）质量检查。

对铸件进行外观质量检查，必要时用线切割机将铸件切开，进行铸件内部质量检查。

对铸件缺陷进行原因分析，提出改进措施。

本阶段实训要求：

（1）铸件浇冒口系统去除前后均应拍照留存。

（2）铸件缺陷分析要充分运用所学的理论知识，改进措施要具体、可行。

铸造产品生产实训的具体操作请参看第二节。

（十）实训报告

（1）实训报告内容包括：所选铸件图样、铸造工艺设计的依据和结果、模样（含芯盒）设计的图样及简要说明、合金熔炼工艺、试验生产操作步骤及方法、铸件质量检查结果分析及改进措施，实训中所使用的设备、测试方法及有关数据和图表也应在报告中体现。

报告的最后须写出此次实训的心得体会，注明查阅的中外文献的名称、作者姓名、出版单位、出版日期，按序号写清楚。

（2）实训报告的形式参考附件七。

三、主要实训内容

每组从图 3.2 至图 3.13 中选择一种铸件进行生产实训。

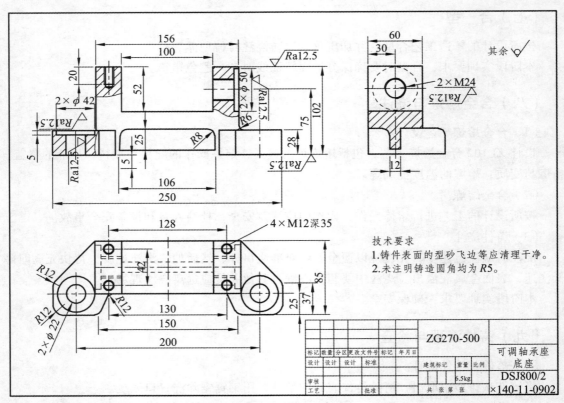

图 3.2　可调轴承座底座

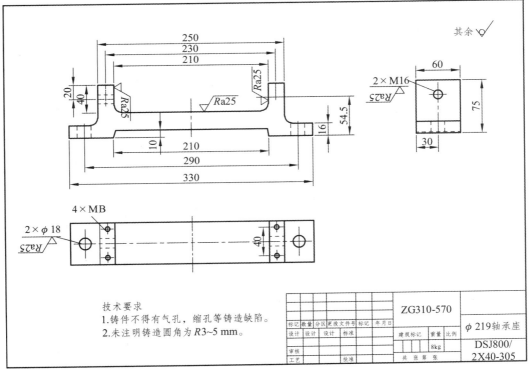

技术要求
1.铸件不得有气孔，缩孔等铸造缺陷。
2.未注明铸造圆角为 R3~5 mm。

						ZG310-570		
标记	数量	分区	更改文件号	标记	年月日		φ219轴承座	
设计	设计	设计	标准			建筑标记	重量	比例
审核							8kg	DSJ800/
工艺			批准			共 张 第 张		2X40-305

图 3.3　Φ219轴承座

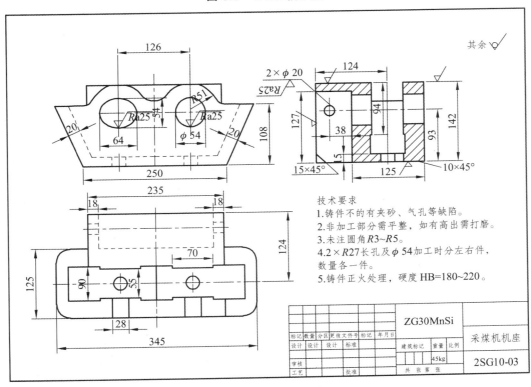

技术要求
1.铸件不的有夹砂、气孔等缺陷。
2.非加工部分需平整，如有高出需打磨。
3.未注圆角R3~R5。
4.2×R27长孔及φ54加工时分左右件，
　数量各一件。
5.铸件正火处理，硬度 HB=180~220。

						ZG30MnSi		
标记	数量	分区	更改文件号	标记	年月日		采煤机机座	
设计	设计	设计	标准			建筑标记	重量	
审核							45kg	2SG10-03
工艺			批准			共 张 第 张		

图 3.4　采煤机机座

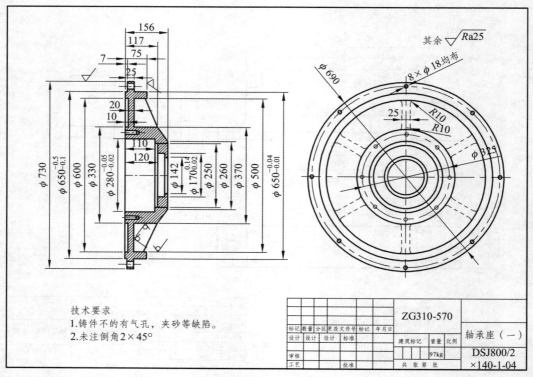

技术要求
1.铸件不的有气孔，夹砂等缺陷。
2.未注倒角2×45°

						ZG310-570			轴承座（一）
标记	数量	分区	更改文件号	标记	年月日				
设计	设计	设计	标准			建筑标记	重量	比例	DSJ800/2
审核							97kg		×140-1-04
工艺			批准			共 张 第 张			

图 3.5 轴承座（一）

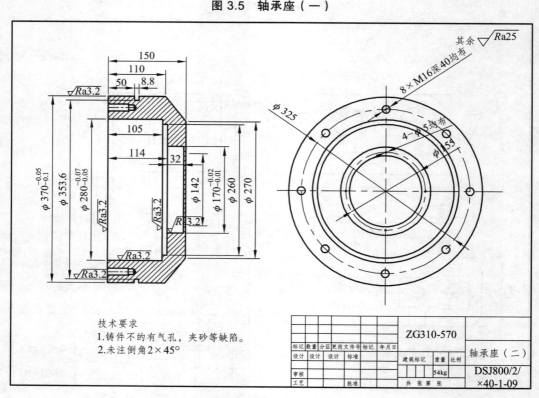

技术要求
1.铸件不的有气孔，夹砂等缺陷。
2.未注倒角2×45°

						ZG310-570			轴承座（二）
标记	数量	分区	更改文件号	标记	年月日				
设计	设计	设计	标准			建筑标记	重量	比例	DSJ800/2/
审核							54kg		×40-1-09
工艺			批准			共 张 第 张			

图 3.6 轴承座（二）

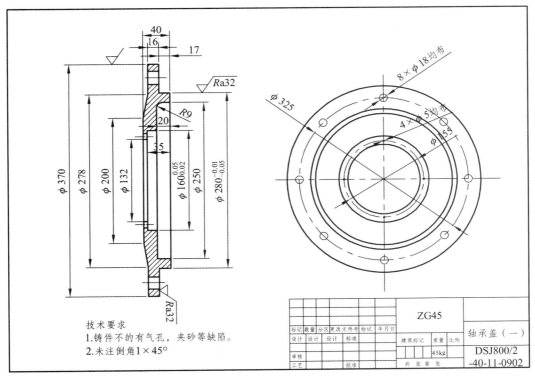

技术要求
1.铸件不的有气孔,夹砂等缺陷。
2.未注倒角1×45°

						ZG45			轴承盖（一）
标记	数量	分区	更改文件号	标记	年月日				
设计	设计	设计		标准		建筑标记	重量	比例	DSJ800/2
审核							45kg		-40-11-0902
工艺				批准		共 张 第 张			

图 3.7 轴承盖（一）

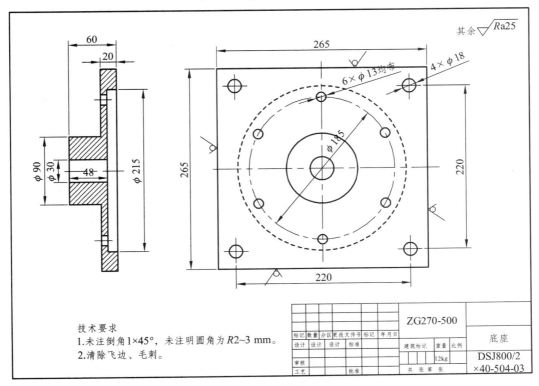

技术要求
1.未注倒角1×45°,未注明圆角为R2~3 mm。
2.清除飞边、毛刺。

						ZG270-500			底座
标记	数量	分区	更改文件号	标记	年月日				
设计	设计	设计		标准		建筑标记	重量	比例	DSJ800/2
审核							12kg		×40-504-03
工艺				批准		共 张 第 张			

图 3.8 底盘

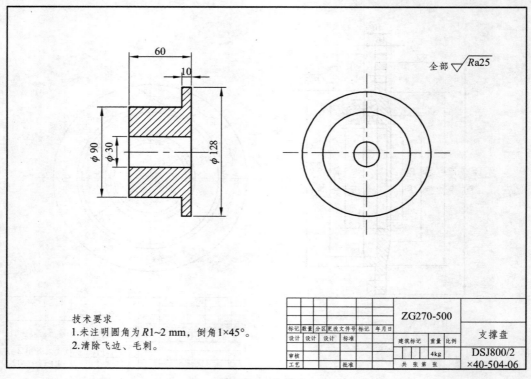

技术要求
1.未注明圆角为 R1~2 mm，倒角1×45°。
2.清除飞边、毛刺。

标记	数量	分区	更改文件号	标记	年月日		ZG270-500	
设计	设计		设计	标准				支撑盘
						建筑标记	重量	比例
审核							4kg	DSJ800/2
工艺				批准		共 张 第 张		×40-504-06

图 3.9 支撑盘

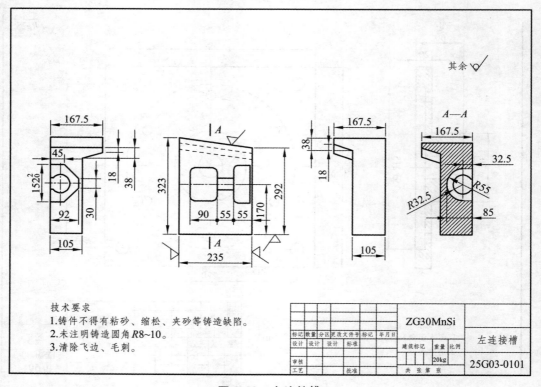

技术要求
1.铸件不得有粘砂、缩松、夹砂等铸造缺陷。
2.未注明铸造圆角 R8~10。
3.清除飞边、毛刺。

标记	数量	分区	更改文件号	标记	年月日		ZG30MnSi	
设计	设计		设计	标准				左连接槽
						建筑标记	重量	比例
审核							20kg	25G03-0101
工艺				批准		共 张 第 张		

图 3.10 左连接槽

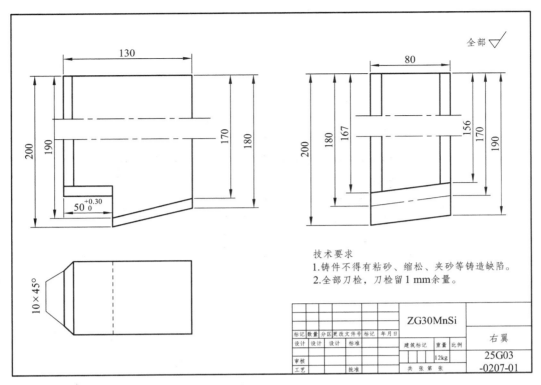

图 3.11 右翼

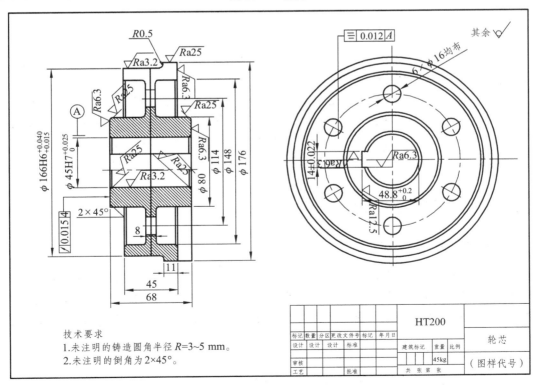

图 3.12 轮芯

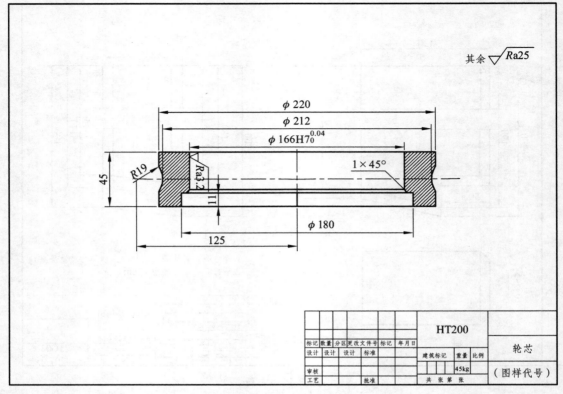

标记	数量	分区	更改文件号	标记	年月日	HT200			轮芯
设计	设计	设计		标准		建筑标记	重量	比例	
审核				批准			45kg		(图样代号)
工艺						共 张 第 张			

图 3.13　蜗轮轮缘

这些图样来自××厂的生产用图，关于这些图样有几点需要说明：

（1）图样中存在如图线表达、标注等问题，学生需认真识别找出错误并加以更正，在实训报告中用更正后的 CAD 图样呈现铸件。

（2）图样中有部分尺寸较大，受实验室生产的局限，凡是最大尺寸超过 200 mm 的铸件，一律按比例缩小至最大尺寸在 200 mm 之内，在实训报告中用缩小后的 CAD 图样呈现铸件。

（3）图样中有"××件"的字样，表明生产的批量，在实训中根据图样中标明的生产批量进行铸造工艺设计，但实训时只生产 1 件。

四、实训报告要求和成绩考核

（一）实训报告要求

要求按实训内容写出实训报告。报告要思路清晰、翔实，写出自己的认识和特色。必须根据试验的具体内容，结合自己查阅的文献资料，充实报告内容，主动地、创造性地进行设计试验，写出实训体会。使用规定的实训报告封面，图纸以 A4 纸打印直接装订在报告中。

（二）成绩考核

工艺设计（30%）、试验操作（40%）、实训报告（30%）。

第二节　铸件生产工程实训操作

一、铸造生产基础知识

（一）概　述

铸造是指将熔化的金属液浇注到与零件形状、尺寸相适应的铸型空腔中，待其冷却、凝固后，形成具有一定形状、尺寸与性能的金属件的生产方法。用铸造得到的金属件称为铸件。

铸造按生产方式不同，可分为砂型铸造和特种铸造两大类。特种铸造又可分为消失模铸造、熔模铸造、金属型铸造、压力铸造、低压铸造、离心铸造、陶瓷型铸造、连续铸造等20余种。

（二）铸造生产的特点及其应用

铸造是金属在液态下成型的成型方法，因此可生产形状十分复杂，尤其是具有复杂内腔的各种尺寸规格的毛坯或零件。

铸造的特点是：铸件的大小、重量及生产批量不受限制，比较灵活；生产成本低，节省资源，材料的利用率高。故应用十分广泛，在机床、汽车、拖拉机、动力机械等制造业中，25%～80%的毛坯采用铸造工艺。

铸件的力学性能比不上相同化学成分的锻件，且由于铸造生产工序多、投料多，控制不当时，铸件质量不够稳定，废品率也相对较高，劳动条件也较差。

二、铸造工艺设计

（一）铸造工艺设计概述

1. 铸造工艺及铸造工艺设计的基本概念

"铸造"是"熔炼金属，制造铸型，并将熔融金属浇入铸型，凝固后获得一定形状、尺寸和性能金属零件毛坯的成形方法"（GB/T 5611—1998）。"工艺"是"使各种原材料、半成品成为产品的方法和过程"（GB/T 4863—2008）。

因此，"铸造工艺"可以理解为"通过铸型制造、合金熔炼、浇注与凝固，生产铸件的过程和方法"，显然，铸造工艺设计就是策划、编制铸造工艺（铸件生产的过程和方法）的一系列技术工作的总和，铸造工艺设计的输出（即铸造工艺）是用于指导铸件铸造生产的一组工艺文件（如铸造工艺图、铸件图、模样图、芯盒图、铸型装配图、铸造工艺卡等）。

2. 铸造工艺的基本内容

（1）铸件生产的工艺路线。工艺路线由若干工艺过程（企业各有关部门或工序）连接而成，这些工艺过程在时间上有一定的先后顺序，一般可以用工艺流程图来展现。

（2）各工艺过程的方案及实施步骤与方法，如浇注位置、分型面怎么选，浇冒系统怎么设置，型芯怎么分块、怎么固定等，以及造型操作步骤及操作方法。

（3）各工艺过程的工艺参数及工艺参数选择与控制方法。

如果把铸造工艺设计看作一个大的作业过程，则其输入就是：

（1）生产任务：零件图样、零件技术要求、产品数量及生产期限。

（2）生产条件：设备能力、原材料供应、操作工人的技术水平和生产经验和习惯、模具加工等情况。

（3）经济性考核。

铸造工艺设计的输出是：铸造工艺图、铸件图、铸型装配图、铸造工艺卡等技术文件。

3. 工艺设计应贯彻的六条基本原则

铸造工艺设计过程中应坚持贯彻下述六条基本原则：

（1）安全为天原则。"不安全，不生产"是企业生产安全管理的重要法则，确保企业生产中的人身安全和设备安全是企业获得良好经济效益的根本保证，更是企业责任的重要内容。

（2）质量第一原则。产品质量不仅是企业获取利润的基本保证，而且是保证顾客利益不受损害的基本要求。

（3）环境友好原则。生产工艺要确保综合利用资源，大力降低原材料和能源的消耗；积极采取无污染或只有轻微污染的新技术，使产品制造过程中产生的副产品或废物能重新使用或出售；保护生态环境，追求物质和能源利用效率的最大化和废物产量的最小化。

（4）适应原则。生产工艺不仅要适应所生产的产品，包括产品的数量、质量要求，及其他技术要求；而且还要适应产品生产企业的具体情况，比如设备条件、操作人员的技术水平、原材料供应情况等；铸造生产工艺还应适应生产情况在控制范围内的变化。

（5）高效原则。所设计的工艺应有利于生产效率的提高，包括单位工时、单位作业面积产出率提升，以及提高生产设备的利用率，延长模样、芯盒等工装的使用寿命，降低对生产个人的技术要求等，以获得更高的经济效益。

（6）有效指导原则。所设计的工艺应能对产品生产相关人员进行有效的指导，包括工艺正确，工艺表达规范、清晰、简洁。

在铸造工艺设计中是否贯彻了上述六条原则是所设计工艺的质量的判定准则，因此工艺设计者在初步工艺形成后应对每一个子过程、每一个操作步骤和方法用这六条原则去进行检查，必要时对工艺进行修改和补充。

4. 工艺设计原则在铸造工艺设计中的运用

铸造工艺设计应以保证生产的安全、保证铸件具有所要求的质量水平、保证铸件生产成本尽可能低为目标。

充分利用车间现有的设备，减轻操作工人的劳动强度，达到高的劳动生产率。

应尽量采用价格较便宜，容易采购到的原材料。尽量采用标准的或通用的工装。必须设计专用工装时，在保证质量和劳动生产率高的前提下，尽可能设计简单、制造方便和成本较低的专用工装。

所设计的工艺应保证尽可能使大量的铸件很快离开车间的生产现场，提高车间生产面积的利用率。

使铸件生产的上、下工序（模样车间和机械加工车间等）成本最低。

必须符合技术安全和环保卫生的规定，保证操作工在较好的劳动环境下工作。

同一铸件可能有多种铸造工艺方案，在保证铸件质量和高的劳动生产率的前提下，应选择最容易、最方便的方案。使对操作工人的技术要求较低，降低劳动力成本；而且减少因操作复杂而发生的铸造缺陷。

（二）铸造方法选择

一旦选择了铸造方法，就确定了铸件生产的工艺路线，也就完成了铸造工艺第一个层次的内容设计。

铸造一般按造型方法来分类，习惯上分为：普通砂型铸造和特种铸造两大类。普通砂型铸造包括湿砂型、干砂型、化学硬化砂型三类。特种铸造按造型材料的不同，又可分为两大类：一类以天然矿产砂石作为主要造型材料，如熔模铸造、壳型铸造、消失模铸造、泥型铸造、陶瓷型铸造等；一类以金属作为主要铸型材料，如金属型铸造、离心铸造、连续铸造、压力铸造、低压铸造等。本书仅介绍可实施的几种常见的铸造方法。

1. 普通砂型铸造

普通砂型铸造是指将产品模样（通常是木质）埋于干砂与树脂或粘土等物质混合而成的高强度的型砂中，通过紧实和分型，在砂型内表面制造出模样的形状，再经过取模，形成型腔的过程。这种生产方式由来已久，应用于多种金属和合金的铸造过程。因为对成本低，而且不受生产规模的限制，一直被普遍使用。现有的一些新型铸造方法也大多由普通砂型铸造改进而来。

对于一些结构比较复杂尤其是有空腔的普通砂型铸造件，在铸造的过程中通常会包含型芯的制作。型芯的制作与安装也是特别重要的环节，一旦定位不准确，就有可能引起铸件的尺寸和形状发生变化。一般来说，砂型铸造用于质量要求较为宽松或者需要进行机加工的铸件。

普通砂型铸造工艺主要有以下优点：

（1）可以铸造出外形和内腔比较复杂的毛坯，如各种箱体、机床床身、机架等。

（2）适用广泛，可以生产出从几克到几百吨的铸件。

（3）成本低廉，原材料来源广，如铁屑也可以熔化成原材料。

同时，普通砂型铸造工艺也有许多不足之处：

（1）砂型铸造的制芯工艺复杂。

（2）砂芯的定位容易产生偏差。

（3）尺寸精度不高。

（4）生产效率低，废品率高。

（5）铸件中容易出现缩松和缩孔等缺陷。

普通砂型铸造工艺流程如图 3.14 所示。

2. 离心铸造

离心铸造是将液体金属浇入旋转的铸型中，使之在离心力的作用下，完成充填和凝固成型的一种铸造方法。

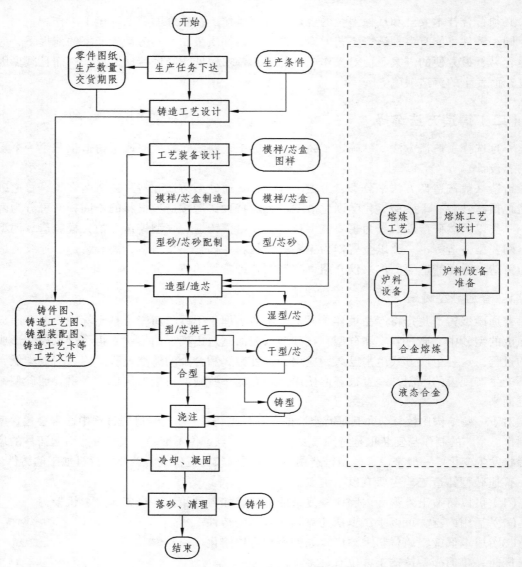

图 3.14 砂型铸造生产工艺流程

为了实现这种工艺过程，必须采用专门的设备——离心铸造机（简称为离心机），来提供使铸型旋转的条件。根据铸型旋转轴在空间位置的不同，常用离心机分为立式离心铸造机和卧式离心铸造机两种。

立式离心铸造的铸型是绕垂直轴旋转的，如图 3.15 所示。立式离心铸造主要用于生产高度小于直径的圆环类铸件。有时也可在离心机上浇注异形铸件，如图 3.16 所示。

由于离心机安装及稳固铸型比较方便，因此，不仅可采用金属型，也可采用砂型、熔模型壳等非金属型。

卧式离心铸造机的铸型是绕水平轴旋转的，如图 3.17 所示。在这种机器上的铸造过程称为卧式离心铸造。它主要用来生产长度大于直径的套筒类或管类的铸件。

离心铸造采用的铸型有金属型、砂型、石膏型、石墨型、陶瓷型及熔模壳型等。

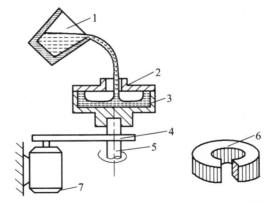

1—浇包；2—铸型；3—液态金属；4—带轮和传动带；
5—旋转轴 6—铸件；7—电动机。

图 3.15 立式离心铸造

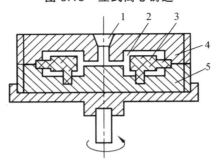

1—浇注系统；2—型腔；3—型芯；4—上型；5—下型。

图 3.16 立式离心浇注异形铸件

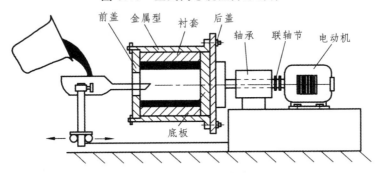

图 3.17 卧式离心铸造机

由于液体金属是在旋转状态下靠离心力的作用完成充填、成型和凝固这一过程的，所以离心铸造具有如下一些特点：

（1）铸型中的液体金属能形成中空圆柱形自由表面，不用型芯就可形成中空的套筒和管类铸件，因而，可简化这类铸件的生产工艺过程。

（2）显著提高液体金属的充填能力，改善充型条件，可用于浇注流动性较差的合金和壁较薄的铸件。

（3）有利于铸件内液态金属中的气体和夹杂物的排除，并能改善铸件凝固的补缩条件。

因此，铸件的组织致密，缩松及夹杂等缺陷较少，铸件的力学性能好。

（4）可减少甚至不用冒口系统，降低了金属消耗。

（5）可生产双金属中空圆柱形铸件，如轴承套、铸管等。

（6）对于某些合金（如铅青铜等）容易产生重度偏析。

（7）在浇注中空铸件时，其内表面较粗糙，尺寸难以准确控制。

离心铸造发展至今已有近百年的历史。第一个专利是 1809 年由英国人爱尔恰尔特提出的，直到 20 世纪初才逐步推广用于工业生产。20 世纪 30 年代，我国开始采用离心铸造生产铸铁管。现在离心铸造已是一种应用广泛的铸造方法，常用于生产铸管、铜套、缸套、双金属钢背铜套等。对于像双金属轧辊、加热炉滚道、造纸机干燥滚筒及异形铸件（如叶轮等），采用离心铸造也十分有效。目前已有高度机械化、自动化的离心铸造机，有年产量达数十万吨的机械化离心铸管厂。

在离心铸造中，铸造合金的种类几乎不受限制。对于中空铸件，其内径最小为 8 mm，最大为 3 000 mm；铸件长度最长为 8 000 mm；质量最小为几克（金牙齿），最大可达十几吨。

3. 消失模铸造

消失模铸造是实型铸造法、干砂实型铸造法、负压实型铸造法以及随之发展的磁型铸造、实型精密铸造、负压实型陶瓷型铸造等方法的总称，该技术的特点是在造型和浇注过程中不需要取模。尽管用于消失模的材料有发泡纸蜂窝、聚氯酯、石蜡等，但最实用的仍然为泡沫聚苯乙烯塑料以及其衍生材料，通常所说的消失模铸造主要指泡沫聚苯乙烯模铸造。实型铸造法、干砂实型铸造法、负压实型铸造法分别代表了消失模铸造发展的三个阶段，也是当前世界各地广泛使用的、已相互独立的三种消失模铸造方法。磁型铸造、实型精密铸造、负压陶瓷型铸造则是在实型铸造法基础上发展起来以生产一些有特定要求的铸件（如模具）的几种精密铸造方法。

在成功地应用实型铸造的基础上，结合其他新材料、新技术的试验研究，进而发展形成了实型空腔法、实型精密铸造、实型陶瓷型铸造等方法。实型空腔法就是用泡沫塑料模进行造型呈实体铸型，此后用物理或化学的方法除去泡沫塑料模以形成空腔铸型，浇入金属液后得到实型铸件。实型精密铸造或实型陶瓷型铸造就是用泡沫塑料模代替熔模铸造中的蜡模或代替原陶瓷型铸造中的金属模（或塑料模或木模），然后在铸型焙烧和浇注前气化消失，最后浇入金属液的一种铸造方法。这些方法，从本质上都没有改变原实型铸造、原熔模铸造和原陶瓷型铸造的造型特点。

20 世纪 60 年代末期，德国的两位技术人员首先将真空技术引入实型铸造，并获得美国、英国专利。其原理是：先将压缩空气通入砂箱，使造型材料沸腾呈流态，然后放入泡沫聚苯乙烯模型；切断气源，型料沉积在模样四周，抽真空后浇注。1972 年，日本的植田昭二等人发明减压燃烧式铸造法，这是负压实型铸造的另一种工艺形式。1974 年，美国人 R·A·奥尔生为负压实型铸造批量生产设计了专用装置。中国科学院光电所在国内首先提出了负压实型铸造的新设想，于 1977 年成功浇注了一批铸铝、铸铜、铸铁和铸钢件。并在 1981 年开展了负压实型铸造基础试验研究，包括液态合金充填铸型的能力、铸造成型机理的研究以及铸型强度性能和工艺方法对铸件机械性能的影响等。虽然我国提出负压实型铸造的思想比国外晚，但经过几代人艰苦努力，我国所开发的负压实型铸造工艺方法比国外要完善，采取一定的工艺措施可以保证砂箱内达到所需要的真空度。随着这项技术的深入推广，目前在国内已经有越来越多的企业开始使用，并取得良好的综合效益。上述的磁性铸造、干砂实型铸造以及负压实型铸造都是采用干燥的、没有粘接剂的造型材料，借助磁场力、重力或负压为粘接剂来紧实铸型，这种物理造型法通常称为第二代造型法。

消失模铸造的基本工艺流程，如图 3.18 所示。

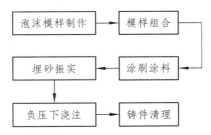

图 3.18 消失模铸造的基本工艺流程

生产工序的减少，操作内容的简化，为消失模铸造提高生产率、减轻劳动强度创造了有利条件。负压实型铸造利用了真空密封造型法中用真空手段使松散流动的型料紧固成铸型的造型原理，但去除了该法中仍然用木模或金属模造型的拔模、下芯、合箱等操作；同时又吸收了实型铸造和磁型铸造工艺中用泡沫塑料气化模实体埋型，不起模就直接进行浇注的优点，而克服了实型铸造中型料需加粘接剂、需捣实、型料回收困难、打箱清理费劲的缺点，也克服了磁型铸造中铸件尺寸受磁极间距大小限制的缺点。

由于砂型铸造仍是我国普遍使用的铸造方法，以其为比较对象，会发现消失模铸造有非常多的优越性。概括而言，几种消失模铸造法具有以下几个共同的工艺优点。

（1）简化工序，缩短生产周期，提高生产效率。由于模样是整体的，基本上不用型芯，省去了芯盒和芯骨的制备以及芯砂的配制工序；如果选用冷固性造型材料（如水泥自硬砂或水玻璃自硬砂等），不需要烘型和铸型的一些准备工作，操作上又省去了取模、修型和配箱等许多工序，因而缩短了生产周期，提高了生产效率。

（2）减轻劳动强度，改善制模和造型工的操作条件。造型省去了拔模、修型和合箱等工序，大大减轻了劳动强度和改善操作条件。

（3）提高了铸件的尺寸精度。因模样不必从铸型中取出，没有分型面，又省去了配箱、组芯等工序，避免了在普通砂型铸造中因起模和配箱所导致的尺寸偏差，因而提高了铸件的尺寸精度。

（4）增大了零件的设计自由度。消失模铸造方法没有分型和必须取模的铸造工艺特点，减少了铸造工艺性要求，使铸件设计受到的限制减少。

（5）铸件质量好、废品率低。造型后，铸型是一个整体，没有分型面、不需取模，也不必考虑拔模斜度，所以杜绝了铸件的错箱和表面的飞边、毛刺等瑕疵。同时，还避免了像普通砂型铸造因造型操作不慎遗漏在铸型内的残砂所导致的砂眼缺陷。

（6）冒口设置方便，金属液利用率高。在砂型铸造中很难设置的球形暗冒口在消失模铸造中可以很方便地安置在任何位置，由于容易在砂箱中将塑料模串联起来实行串铸，因此，大大节约了浇注系统中的液态金属。

另外，干砂实型铸造法和负压实型铸造法不具有上述工艺优点，更具有以下突出之处。

（1）生产效率更高。由于无需配砂混砂，简化了砂处理流程，造型工序简单，打箱清理也很简单。因此，生产率进一步提高，特别对单件、形状复杂的铸件，效果更显著。

（2）工艺技术容易掌握，生产管理方便。消失模铸造简化了模样制作工艺，简化了造型操作和工艺装备，使工艺技术容易掌握和普及。且使用单一型料，不需对造型材料进行日常性能检查，也不存在模型的保管和大批砂箱的堆放问题，因此极大简化了车间的生产管理工作流程。

（3）投资少。由于生产工序少，各道工序操作简便，使工艺装备的品种和数量大大减少。消失模铸造不用庞大的砂处理设备，用振动工作台代替了各种类型的造型设备，造型材料可以完全回收使用，因此投资少。

（4）劳动强度进一步减轻，改善了作业环境。真空实型铸造不用手工捣砂，没有修型作业，不用人工打箱，从而大大地减轻了劳动强度。而且该方法在浇注时产生的废气可通过密闭管道集中排放到车间外以进行净化处理，这样，大大改善了生产现场环境。

4. 消失模铸造的适用性

每种新的铸造方法出现都有一定的使用范围，消失模铸造方法也不例外。

（1）对铸型材质的适用性。理论上，凡是可以铸造的金属都可以用消失模铸造法，在这一点上其适应性甚至超过砂型铸造。例如，普通砂型铸造不能用于钛合金铸造，但采用 SiC 砂的消失模铸造法可以用来浇注钛合金。从生产实践来看，目前用消失模铸造浇注过的铸件材质有普通铸钢、耐热合金钢、不锈钢、铁镍合金、普通铸铁、合金铸铁、球墨铸铁、铸铝合金和铸铜等。一般来说，铸造车间常用的金属材料都可用消失模铸造来浇注。

生产实践还表明，用该法浇注铸钢件、球墨铸铁件等熔点高的铸件材质时，表面较少粘砂，无飞边毛刺，容易清理，铸件的表面质量明显优于砂型铸件。

（2）对铸件大小的适用性。砂箱大小直接决定消失模铸件的大小，因此，消失模铸造对铸件大小的适用性要广泛得多，可以在同一振动工作台上放置不同尺寸的砂箱，因此可以十分方便地生产出各种大小的铸件。由于泡沫塑料模型的强度低，加上埋型操作时填料不可能绝对均匀，模型容易变形，这就给浇注轮廓大、壁薄的铸件带来了一定困难。因此，从方便操作和现有工艺水平考虑，消失模铸造以浇注 2 t 以下，尤其是 1 t 以下的铸件为宜。

（3）对铸件生产批量的适用性。最佳的生产批量必须考虑生产塑料模所需的模具成本，对于那些不需要模具（塑料模由机械加工成型）或模具费用很低的铸件，可以不考虑生产批量问题。但对于必须采用价格高昂模具或模具数量必须很多的铸件，计算一个最佳批量是必要的，以确保铸件生产成本不会太高。

（4）对铸件结构的适用性。消失模铸造从工艺特点出发，特别适合于具有复杂结构（尤其是具有复杂内腔）、模样分型困难、造型困难的铸件。因此，消失模铸造为多品种、单件小批量、大批量生产几何形状复杂的中小型铸件提供了新的生产途径。

（三）铸造工艺图

1. 铸造工艺图及其作用

铸造工艺图是在零件图上用标准规定的工艺符号表示出铸造工艺方案的图形。它是制造模样和铸型，进行生产准备和铸件检验的依据（即铸造工艺图是最基本工艺文件）。图 3.19、3.20 展示了示例铸件的零件图、铸造工艺图、模样图、合型图之间的关系。

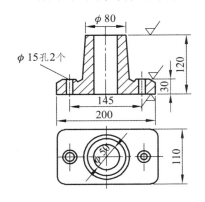 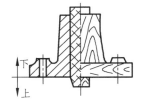 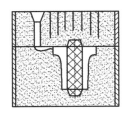

（a）零件图　　　　　（b）铸造工艺图（左）和模样图（右）　　　（c）合型图

图 3.19　支座的零件图、铸造工艺图、模样图及合型图

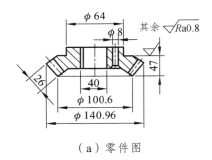 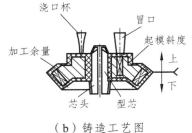 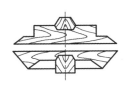

（a）零件图　　　　　（b）铸造工艺图　　　　　（c）模样图

图 3.20　圆锥齿轮的零件图、铸造工艺图及模样图

2. 工艺符号及其表示方法

JB/T 2435—2013《铸造工艺符号及表示方法》中规定了铸造工艺图中一般的工艺符号，绘制工艺图时须按标准规定执行。

三、模样/芯盒设计与制作

（一）模样/芯盒设计

模样/芯盒是制造砂型、砂芯的必要工艺装备，对铸件质量、生产成本有极大的影响。模样/芯盒设计的依据应是所设计的工艺，也就是说模样/芯盒设计是在工艺设计确定之后进行的，但需要注意的是，在工艺设计中要充分考虑到模样的结构。

1. 模样材料

在铸造生产中广泛应用的模样（包括模板、芯盒）根据制作材料可分为木、金属、塑料、泡沫塑料、菱苦土等模样与芯盒。木模、菱苦土模用于单件、小批量和成批生产，金属模、塑料模用于成批大量生产，泡沫塑料模用于大型单件及复杂程度较高的小批量铸件生产。

用木材制作模样和芯盒，虽然强度低、易吸湿、变形和损坏，但由于它质量小、便宜和易加工，所以目前仍普遍应用于小批量和成批生产中。常用的木材有红松、柏木、杉木等，分别适用于不同等级的模样。木模设计除尺寸外最重要的是根据铸件结构和铸造工艺，充分考虑模样成本、使用寿命及造型效率等进行其结构设计。

金属模与芯盒的主要优点是尺寸精确度高、耐用、工作面比较光滑，缺点是生产周期长、机械加工量大、成本高。因此它适用于成批大量生产。金属模常用的材料有铸造铝合金、灰铸铁和钢。金属模设计的重点是模样尺寸（给修模留有余地）、模样结构（在考虑模样的使用性能的同时要充分考虑机械加工的要求）。

塑料模样用环氧树脂塑料制造而成，其优点是制造成本低、制造工艺简单、制造周期短、变形小、表面光洁。缺点是较脆、制造原料（胺、苯、酮类）毒性较大。

菱苦土模用木屑、菱苦土和卤水配制成的混合料制造，其优点是节约木材 40%～60%，工艺简单，加工工时少，变形小，不吸湿，硬度高，表面光洁，耐用。缺点是强度、冲击韧性较木材差，质量比木材大 1～2 倍。

泡沫塑料模是用泡沫塑料（如 EPS）制作的铸件模样，目前广泛应用于消失模铸造中，在普通砂型铸造中也有应用。泡沫塑料模适用于几乎所有不同批量的铸件生产。由于浇注前泡沫塑料模并不从铸型中取出，因此以前又将这种铸造方法称为"实型铸造"。在浇注过程中，金属液提供热量使泡沫软化、气化后充填铸型，因此又称为"消失模铸造"。一个泡沫塑料模仅能使用一次。

2. 模样形式及结构

首先应根据铸造工艺及生产条件（包括生产工厂硬件条件及模样工、造型工的技术水平）、产品批量等选择模样形式，如整体模、刮板模、模板等，然后再设计模样的结构。

模样结构的设计应以制作工艺简单、模样经久耐用、尺寸稳定为追求的目标。具体的模样结构这里就不再详述。

（二）模样制作

本工程实训将用泡沫塑料来制作模样和芯盒，虽然不采用消失模铸造方法，但泡沫模样的制作方法是相同的。下面来了解泡沫塑料模样的制作方法。

模样的形状、尺寸精度和表面质量对铸件的质量起到决定性作用。因此，为了获得合格的铸件，除了选用合适的模样材料、合理的模样结构外，最佳的加工方法和成型工艺参数不仅能确保模样的质量、便于造型、提高制模和造型的生产效率，还可节约材料，取得显著的经济效益。

泡沫塑料模样的制造工艺可分为模具发泡成型和机械加工成型两种。一般来说，对于大量和成批生产用的中、小型模样，采用模具发泡成型方法；对单件和小批生产用的大、中型模样，采用机械加工成型方法。对于形状复杂、铸件尺寸精度和表面质量要求较高的铸件所采用的模样用发泡成型的方法制造适宜。模样的加工制造工艺过程如图 3.21 所示。

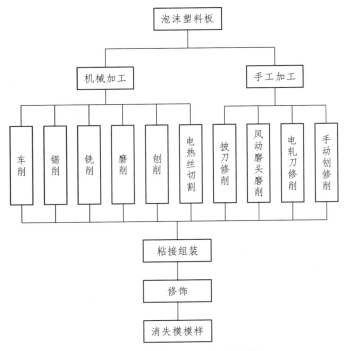

图 3.21 模样加工制造工艺过程

1. 模样的机械加工

泡沫塑料板系多孔蜂窝状组织，密度低、导热性差。它的加工原理与木材和金属材料的加工原理不同。若采用普通切削金属的机床和刀具加工泡沫塑料，珠粒将大量脱落，加工表面粗糙、质量差。因此，加工泡沫塑料的刀具刀刃应锋利，并以极快速度进行切削。刀具除作垂直进刀外，需以更快的速度进行横向切削，才能获得良好的效果。

加工的机床设备主要有铣床、车床、磨床、绕锯机和手推平刨等木工机械，也可采用台式泡沫塑料绕锯机、振动式泡沫塑料刨板机以及电热丝切割机等专用设备。

为了保证模样尺寸精度和表面光洁度，加工时一般先用手推平刨机床或用电热丝切割机切割出平直的基准平面，然后再用其他方法如铣削、锯削、车削或磨削等进行精加工。

电热丝切割加工泡沫塑料的方法是应用最广泛的方法之一。它是利用电热丝的热辐射使电热丝周围的泡沫塑料熔化或气化。随着电热丝与泡沫塑料的相对运动，熔化的液态树脂有的沿着电热丝表面气化而离去，有的迅速冷凝成玻璃状的物质，覆盖在切割表面，形成光洁的表面。因此，用电热丝切割模样的表面质量，在很大程度上取决于玻璃状物质的数量和致密度，以及电热丝的直径、加热温度与切割速度。

电热丝的直径越大，切割出的模样表面质量越差。粗加工用的电热丝直径一般为 $1 \sim 1.2$ mm，精加工用的电热丝直径为 $0.2 \sim 0.5$ mm。电热丝的切割温度为 $250 \sim 500$ ℃，具体的切割温度应根据电热丝的直径和切割长度而定，可采用变阻器和电流计加以控制调整。

电热丝切割具有操作方便、设备简单、生产率高等优点，其缺点是切割的表面质量较差。这种方法主要用于粗加工模样。

2. 模样的手工加工

对于一些形状较复杂的、不规则的异型模样主要是依靠手工加工成型。所以，泡沫塑料模样制造质量的优劣很大程度上取决于制模工的操作水平。

画线取料是模样加工的首道工序。因泡沫塑料内部组织松软，所以画线用笔应采用软质（如 6B）和扁薄铅芯的铅笔，否则会形成细槽，影响模样的粗糙度。

加工泡沫塑料模样的手工工具比较简单，生产上常用的修削泡沫塑料的手工工具是披刀。除此之外，我国还成功地使用了泡沫塑料平面手推刨、手提式风动砂轮机和电轧刀、电热丝切割器等特殊手工工具来修削泡沫塑料模样。

综上所述，加工泡沫塑料模样的方法很多，且每种方法都有它的特点和适用范围，除少数模样外，几乎所有的模样都是由多种加工方法结合使用而制成的。复杂的模样综合采用铣、刨、锯、车、磨和电热丝切割，以及手工工具的修削、加工装配而制成的。

为了确保能获得优质的加工模样，必须注意以下两点。

（1）选择优质的泡沫塑料板（块）材是获得合格模样的前提。为了确保模样的强度、刚度和表面质量，选用的泡沫塑料板材的密度不能太低，一般要大于 16 g/dm^3，珠粒之间的熔结良好，不能有粗大泡孔或杂质。对于一些表面质量要求高的模样，要选用消失模铸造专用模料制成的泡沫塑料板（块）材。

（2）用机械加工方法制造模样时，选择的切削刀具的结构、加工工序和工艺参数要合理，操作上要严格遵守工艺规范。否则加工好的泡沫塑料模样表面易产生拉毛、珠粒脱落、波状的凹凸表面和小孔等缺陷，严重时会使模样报废。因此，当出现模样或铸件缺陷时要分析造成缺陷的原因，采取有效措施消除缺陷，提高模样和铸件质量。

3. 模样的组装工艺

对于形状复杂的泡沫塑料模样，通常采用发泡成型制成若干模片，或用机械及手工将泡沫塑料板加工成几何形状简单的几个部分，严格按图纸尺寸要求将模片粘接组装成一个完整的模样，然后把模样与浇注系统粘接在一起组装成模型簇。所以模样的组装包括模片粘接成模样和模样与绕注系统粘接成模簇两部分。模样的组装是消失模铸造的重要工序。

模样组装常用的粘接方法有冷胶粘接、热熔胶粘接和熔焊粘接等。当采用粘接剂粘接模样时，常用的方法有即除法、辊压法、爬行式涂胶和喷胶涂胶法，其操作可由手工或机器来完成。

为了获得优质的铸件，在浇注过程中不仅要求泡沫塑料模样气化完全、不留残渣，且要求模样组装用粘接剂气化迅速、无残留物。同时粘接剂的用量也应越少越好，否则，过多的粘接剂会导致模样气化不完全，因残留物增加而影响铸件质量。考虑到消失模铸造的特点，泡沫塑料模样用粘接剂应满足以下要求。

（1）快干性能好，并具有一定的粘接强度，不至于在加工或搬运过程中损坏模样。

（2）软化点适中，既满足工艺要求，又方便粘接操作。

（3）分解、气化温度低，气化完全、残留物少。

（4）干燥后应有一定柔韧性，而不是硬脆的胶层。

（5）无毒，对泡沫塑料模样无腐蚀作用。

（6）成本低、来源方便。

用冷胶法粘接时，通常所用的粘接剂为快速固化的热固性有机粘接剂。因为模样粘接后，需要上涂料烘烤干燥，如果用热塑性粘接剂会在烘烤干燥时软化蠕变开胶，模样发生变形。而热固性粘接剂在烘烤时能促使其固化和增加粘接强度。

从形态上来分，常用的热固性粘接剂有乳液型粘接剂和热熔胶粘接剂两类。

（1）乳液型粘接剂。

乳液型粘接剂是粘接剂发展趋势之一，与溶剂型粘接剂相比，具有无溶剂释放，符合环保要求，成本低、不燃，使用安全等优点。与水溶型粘接剂相比，固含量相对较高，可达 50% ~ 60%，国内外正在大力研究开发。乳液型粘接剂品类繁多，但适合用于消失模铸造模样粘接的主要有以下两种。

① 聚醋酸乙烯乳液及聚醋酸乙烯改性乳液。聚醋酸乙烯（PVAc）乳液是最重要的乳液粘接剂之一。普通聚醋酸乙烯乳液是以聚乙烯醇作保护胶体进行醋酸乙烯乳液聚合而制成。产品的固含量为 50% ~ 60%，黏度一般为 3 ~ 20 Pa·s。这种产品粘接强度高、价格低、无毒、来源方便等，适用于泡沫塑料模样的粘接。但这种单组分的聚醋酸乙烯乳液的耐水性差，在湿热条件下，其粘接强度会大幅度下降，其成模的抗蠕变性差等，由于这些缺点难以满足实际应用要求。近年来，国内外对聚醋酸乙烯乳液改性做了大量的研究工作，目的是提高粘接剂的耐水性、耐热性和粘接强度，特别是初粘强度等。聚醋酸乙烯乳液改性方法主要有共聚改性和复合聚合改性等。共聚改性就是将醋酸乙烯酯单体与另一种或多种单体，如乙烯与丙烯酸酯、甲基丙烯酸酯、具有羧基或多官能团的单体进行二元或多元共聚；或在聚醋酸乙烯乳液中加入少量含活性基团的酸性物及交联剂等，通过共聚合成互穿网络结构的乳液。除共聚改性外，近年来研究采用复合聚合制备核壳结构的改性聚醋酸乙烯乳液，突破了乳液粒子单纯由醋酸乙烯组成的局限，使乳液的综合性能优于通用的聚醋酸乙烯乳液。

② 聚丙烯酸酯乳液。丙烯酸酯系聚合物乳液粘接剂，也是一类重要的乳液粘接剂，其品种很多，应用于很多领域。但用于模样的粘接不仅要有足够的粘接强度，还要有较高的玻璃化温度和足够的柔韧性。由于丙烯酸酯系单体，很容易进行乳液聚合和乳液共聚合，因此可以根据需要通过分子设计和粒子设计方法合成出软硬程度不同的聚丙烯酸酯乳液粘接剂。也可在聚合物分子链上引入羧基、羟基、氨基等活性基团或外加交联剂，制成交联型丙烯酸酯类聚合乳液粘接剂。不管是采用丙烯酸酯与其他单体如苯乙烯共聚，还是在聚合物分子链上引入活性基团，其目的都是为了提高粘接强度、耐水性、耐热性及抗蠕变性，又能保持胶层有一定的柔韧性以满足模样组装要求。

（2）热熔胶。

热熔胶是 20 世纪 60 年代开始发展起来的一类粘接剂。这类粘接剂与溶剂型和乳液型粘接剂不同，其特性是在室温下呈固态，而在达到其熔点则呈液态。在熔融状态下具有流动性，并显示出高强的粘接力，能很快地与其他物体粘合在一起，待冷却固化后即形成高强度的粘接。

热熔胶一般由基料、蜡类、增粘剂以及抗氧剂、稳定剂等组成。通过配方的差异，可以得到多种性能不同、用途各异的热熔胶。

目前，在生产上模样粘接采用的热熔胶几乎都是聚醋酸乙烯-乙烯（EVA）热熔胶。EVA 的性能主要取决于共聚物中醋酸乙烯含量。为了使热熔胶获得理想的粘接强度，EVA 中醋酸乙烯酯含量为 25% ~ 43%，熔融指数为 20 ~ 200 为宜。

热熔胶用的聚醋酸乙烯-乙烯树脂的熔融强度受温度影响比较小,因此配胶时应加入一定量的石蜡和松香、石油树脂等以降低熔融强度,改善流动性和湿润性。此外,EVA 热熔胶中还需加入抗氧剂以防止高温分解,其通用的配方为 EVA 30%~50%,增强剂 20%~40%,石蜡 25%~40%,抗氧剂 0.5% 等。

热熔胶用于泡沫塑料模样的粘接是可行的,其固化速度快、粘接强度高的特点很适合现代化大批量生产。

泡沫塑料模样粘接用 EVA 热熔胶,软化点控制在 90~100 ℃,使用温度为 110~120 ℃。只需单面涂胶,涂匀后,立即将另一面对齐按压约 20 s 就可粘接定位。它特别适合要求快速粘接的手工涂胶,也能适用机器涂胶。

EVA 热熔胶在使用中经常出现的问题是,当热熔胶停留较长时间后,它的黏度会逐渐增大,甚至产生结皮现象,而且,由于热老化使胶在表面形成结焦。为了避免这些现象的发生,除了控制熔胶温度外,在热熔胶配方中还加入低分量的非晶态聚丙烯和用氢化松香甘油酯代替普通松香作增强剂等。

当模样组装用粘接剂连接时,为了保证模样尺寸精度和减少发气量,要求胶涂得薄而均匀,如果涂得过多或厚薄不均都会影响铸件精度和质量。因此,要求用尽量少的粘接剂来达到粘接效果,一般控制涂胶厚度约 0.1 mm 为佳。

除采用冷胶或热熔胶粘接模片外,也常采用热熔焊粘接的方法。热熔焊粘接是将泡沫模样两个连接面用电热板加热熔融后,将两个模片压合在一起,如图 3.22 所示。

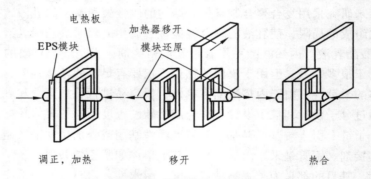

图 3.22　热熔焊粘接原理图

与粘接剂连接相比,采用热熔焊连接,浇注时模样的发气量较小,充型速度较快。而采用粘接剂时,由于粘接剂的发气量大,铸件有可能产生气孔或夹渣的倾向较大。

四、铸型制造

(一)铸型的构造

铸型一般由上型、下型、型芯、浇注系统等 4 部分组成。常用两箱造型的铸型示意图如图 3.23 所示。

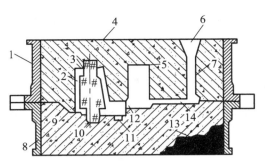

1—上砂箱；2—型腔；3—上型芯头；4—出气孔；
5—冒口；6—浇口杯；7—直浇道；8—下砂箱；
9—分型面；10—下型芯头；11—冷铁；
12—内浇道；13—型砂；
14—横浇道。

图 3.23 铸型构造

（二）型芯的作用及形式

型芯是砂型中的重要组成部分，在制造内空铸件或有妨碍起模的凸台铸件时，一般采用型芯。常用的型芯有：水平型芯［见图 3.24（a）］、垂直型芯［见图 3.24（b）］、悬臂型芯［见图 3.24（c）］、悬吊型芯［见图 3.24（d）］、引伸型芯［见图 3.24（e），有利于取模］、外型芯［图 3.24（f），可使三箱造型变为两箱造型］等。

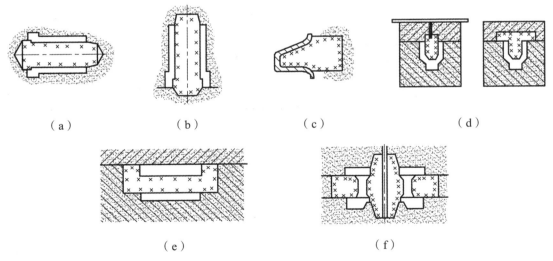

（a） （b） （c） （d）

（e） （f）

图 3.24 型芯的常见形式

（三）造型方法

造型方法按砂型紧实方式分为手工造型和机器造型两大类。

手工造型是全部采用手工或手动工具紧实型砂、制成型砂的造型方法，其特点是手工造型操作灵活、工艺装备（模样、芯盒、砂箱等）简单、生产准备时间短、适应性强，造型质量一般可满足工艺要求，但生产率低、劳动强度大、铸件质量较差，所以主要用于单件小批生产。

手工造型方法多种多样，实际生产中可根据铸件的结构特点、生产批量和生产条件选用合适的造型方法。常用的手工造型方法的特点及应用范围见表 3.1。

表 3.1　常用手工造型方法的特点及应用范围

造型方法		主要特点	适用范围
按砂箱特征分类	两箱造型	它是造型的最基本方法，铸型由上箱和下箱构成，操作方便	各种批量生产和各种大小铸件
	三箱造型	铸型由上、中、下三箱构成。中箱高度须与铸件两个分型面的间距相适应。三箱造型操作费工，且需配有合适的砂箱	单件小批生产，具有两个分型面的铸件
	脱箱造型（无箱造型）	在可脱砂箱内造型，合型后浇注前，将砂箱取走，重新用于新的造型。用一个砂箱可重复制作铸型，节约砂箱。需用型砂将铸型周围填实，或在铸型上加套箱，以防浇注时错型	生产小铸件。因砂箱无箱带，所以砂箱尺寸小于 400 mm × 400 mm × 150 mm
	地坑造型	在地面以下的砂坑中造型，不用砂箱或只用上箱，大铸件需在砂床下面铺以焦炭，埋上出气管，以便浇注时引气。减少了制造砂箱的费用和时间，但造型费工、劳动量大，要求工人技术较高	砂箱不足，或生产批量不大、质量要求不高的铸件，如砂箱压铁、炉栅、芯骨等
按模样特征分类	整模造型	模样是整体的，分型面是平面，铸型型腔全部在一个砂箱内。造型简单，铸件不会产生错型缺陷	最大截面在一端，且为平面的铸件
	挖砂造型	模样是整体的，分型面为曲面。为起出模样，造型时用手工挖去妨碍起模的型砂。造型费工、生产率低，要求工人技术水平高	单件小批生产，分型面不是平面的铸件
	假箱造型	克服了挖砂造型的缺点，在造型前预先做一个与分型面相吻合的底胎，然后在底胎上造下型。因底胎不参加浇注，故称假箱。它比挖砂造型简便，且分型面整齐	在成批生产中需要挖砂的铸件
	分模造型	将模样沿最大截面处分为两半，型腔位于上、下两个砂型内，造型简单，节省工时	最大截面在中部的铸件
	活块造型	铸件上有妨碍起模的小凸台、筋条等。制模时将这部分做成活动的（即活块）。起模时，先起出主体模样，然后再从侧面取出活块。造型费工，要求工人技术水平高	单件小批生产。带有突出部分难以起模的铸件
	刮板造型	用刮板代替实体模样造型。可降低模样成本，节约木材，缩短生产周期。但生产率低，要求工人技术水平高	等截面的或回转体的大、中型铸件的单件小批生产，如带轮、铸管、弯头等

1. 两箱整模造型

用一个整体的模样造型,造型时模样全部放在一个砂箱内,有一个平整的分型面,模样可直接从砂型中取出。

整模造型操作简便,制得的型腔形状和尺寸精度较好。适用于生产各种批量的,形状简单的铸件;适用于要求不允许有错箱缺陷或采用分开模样造型方法时,由于模样强度不够而产生缺陷的铸件。

2. 两箱分模造型

将模样沿外形的最大投影面处分成两部分,并用销钉定位,且分模面通常作为造型时的分型面。分模造型操作简便,是应用最广的一种造型方法。适用各种批量的形状简单的和形状复杂的铸件。

最简单和应用最广的分模造型是两箱分模造型。

分模造型应注意以下4点:

(1)检查模样上、下两半模的销钉和销钉孔的配合是否严密而又易开合。

(2)模样上的销钉是否牢固。

(3)采用两箱造型时,上、下箱均有型腔,要注意合箱操作,采用一定的合箱定位方法,防止铸件产生错箱缺陷。

(4)起模时,需要松动模样,上、下两半模样的松动量应尽可能一致。

3. 吊砂造型

铸件上部凹入部分的形状,在上型常成为吊砂。因吊砂处于悬吊状态,在自重或其他外力的作用下,很容易损坏。对于较高吊砂,必须考虑加固,加固方法有以下4种:

(1)湿型吊砂的加固。

湿型的吊砂一般用木片或竹片来加固,木片应扁薄,借助木片和型砂之间的摩擦力把吊砂拉住。木片在分型面以上的长度应大于在吊砂中的长度。木片和型腔表面之间的距离约为 10 mm,吊砂较大时,木片贴着箱带放置,并用另一块木块把加固吊砂用的木片顶紧在箱带上。

(2)干型吊砂的加固。

干型的吊砂一般用铁钩加固。铁钩用 $\phi 6 \sim \phi 15$ mm 的铁丝制成。铁丝必须经过退火处理,防止因铁丝弹性太强而妨碍铁钩与型砂的结合。为了使铁钩能与吊砂牢固地粘合在一起,铁钩需刷上泥浆,并在填砂前把铁钩放入砂箱内,舂砂时要防止舂歪铁钩。铁钩一旦歪斜,则不能有效地增加吊砂强度。

(3)吊砂骨架加固吊砂。

大而深的吊砂用吊砂骨架加固。

吊砂骨架的形状由吊砂形状决定,且便于舂砂。每次使用前,必须清除吊砂骨架上的浮砂并刷泥浆,以便型砂和吊砂骨架更好地粘接。

(4)随形箱带加固吊砂。

铸件生产的数量较多时用带有随形箱带的砂箱造型,由箱带加固吊砂。

吊砂造型操作时应注意以下问题：

① 开箱时应松动上型，使吊砂和模样间产生一定间隙，以便开箱。

② 合箱时，上型在下型的外面翻转，检查吊砂无损坏后，方可合型。

4. 挖砂造型

有些铸件，没有平整的表面，需要采用分模造型。但由于一些原因，如铸件模样分开后，某些部分太薄易变形，因此模样做成整体。再如，有的铸件结构使得模样没有平整的分模面。这时可采用挖砂造型。

挖砂造型要求技术水平高，操作时应注意：

（1）挖分型面时一定要挖到铸件的最大投影面。

（2）挖砂部位修得平整光滑，坡度尽量小，以免上型的吊砂过陡。

（3）分型砂、辅料在挖砂部位要均匀分布，不许有堆积。

挖砂造型是每造一型需挖砂一次，操作繁锁，生产率低，要求技术水平高，这种造型方法适用于单件生产。

5. 假箱造型

当批量生产如前节所叙的"盖"和"手轮"一类的铸件时，为了便于造型，提高生产率，采用假箱造型。假箱造型的特点是在造型前先做一个特制的形状与模样分模面一致或与模样形式一致的假胎来代替上型或下型。使模样上的凸点处在分型面处。

6. 组芯造型

外形复杂的铸件，模样从铸型中起模时操作困难，由砂芯代替砂型，铸型由多块烘干的砂芯组装而成。当生产某些特大件时，由于生产条件的限制，或模样易变形，也采用组芯造型。

根据铸件的具体情况采用合适的组芯方法，常用组芯方法如下：

（1）以砂型为外围内放砂芯进行组芯造型。

（2）地坑组芯。大型铸件采用在地坑的砂套中组芯。

7. 活块造型

活块造型是将模样上妨碍起模的凸出部分做成（可拆卸的）活块的一种造型方法。起模时，先取主体模，再用适当方法取出活块。

五、合金熔炼

铸造合金熔炼质量直接影响铸件的成型性能、铸造性能及使用性能等。熔炼的目的在于：

（1）熔化炉料，过热，保证浇温。

（2）调整金属液成分含量控制在范围之内。

（3）降低金属液中有害元素 S、P 等在规定限度以下。

（4）降低金属液中非金属夹杂物和气体，使金属液纯净。

进行熔炼工艺制定是铸造技术人员必须掌握的基本技能之一。

铸造合金熔炼必须满足金属液成分、金属液纯净度、金属液温度等产品材质要求及铸造工艺要求。熔炼设备及不同的铸件材质要求需要选择不同的熔炼方法，不同的原材料条件也影响着熔炼方法的选择。本实训主要介绍感应炉熔炼。

感应电炉是利用电磁感应现象将电能转变为热能来熔炼金属的。感应炉如图 3.25 所示。

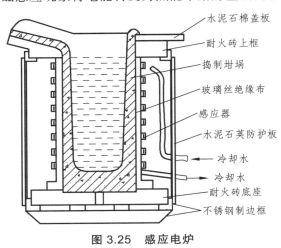

图 3.25　感应电炉

感应炉主要由电源、感应圈及感应圈内用耐火材料筑成的坩埚组成。坩埚内的炉料相当于变压器的副绕组，此副绕组的特点是仅有一匝而且是闭合的。当感应圈接通交流电源时，在感应圈内产生交变磁场，其磁力线切割坩埚中的金属炉料，在料中产生感应电动势，由于炉料本身形成一闭合回路，所以在炉料中同时产生了感应电流。感应电流通过炉料时，常按 $Q = 0.24 I^2 Rt$ 的关系转变为焦尔热，使炉料加热和熔化。炉料能否加热至熔化并达到要求的温度，首先取决于感应电流的大小，而感应电流又取决于感应电动势，按电磁感应定理感应电动势为：

$$E = 4.44 \Phi fn$$

式中　Φ ——感应圈通交流电时产生的磁通量（Wb）；

　　　f ——电源电流的频率（Hz）；

　　　n ——感应器的匝数。

从上式中可以看出，为了使炉料中能产生较大的感应电动势，可采用增加磁通量、频率或匝数的方法。但由于感应圈中产生的磁力线是通过磁阻很大的空气而闭合的，故有效磁通量便显著减少，增加感应圈的匝数又受到炉子容量的限制，因此，为了增大感应电动势，唯有增大交变电流的频率。所以，无芯感应电炉最好由较高频率的电源供电。

（一）中频感应炉熔炼方法

中频感应炉主要用于熔炼钢及合金。按坩埚耐火材料的性质可分为碱性冶炼法和酸性冶炼法。

1. 碱性冶炼法

碱性冶炼法用碱性耐火材料打结的坩埚进行冶炼，坩埚材料主要用镁砂。在冶炼过程中造碱性炉渣。碱性冶炼法按冶炼过程有无氧化过程可分为熔化法和氧化法。

（1）熔化法。用质量好的碳钢、合金返回钢、工业纯铁及铁合金作炉料，冶炼过程中没有氧化过程，不进行脱碳和脱磷，熔化后即进行精炼。冶炼过程基本上是一个再熔化过程，由于炉料质量好，冶炼出的钢与合金质量高。

熔化法适用于冶炼高合金钢、高温合金和精密合金的冶炼。

（2）氧化法。氧化法所用的炉料含磷较高，含碳量波动较大，因而在冶炼过程中要进行氧化脱碳和脱磷，然后再进行精炼。氧化法冶炼使用的炉料便宜，因此生产成本低。但由于冶炼过程中进行氧化过程影响坩埚寿命。

氧化法适用于碳素钢和低合金钢的冶炼。

2. 酸性冶炼法

酸性冶炼方法用酸性耐火材料打结的坩埚进行冶炼，坩埚材料主要用石英砂。在冶炼过程中造酸性渣。酸性冶炼方法只有熔化法冶炼。酸性坩埚成本低。

酸性冶炼法主要适用于碳素钢和低合金钢的冶炼。

（二）钢液的熔炼操作工艺

中频感应电炉钢液的熔炼一般采用熔化法熔炼工艺，主要包括备料及装料、熔化、精炼、出钢浇注、脱模与冷却。其操作工艺过程如图 3.26 所示。

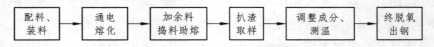

图 3.26　中频感应电炉熔炼操作过程

1. 配料原则

（1）炉料准备。

炉料准备包括炉料的选择与处理。钢料有低碳钢、工业纯铁和返回料；合金料有纯金属和铁合金；渣料有石灰、萤石、镁砂；脱氧剂有铝块，尽可能多地使用廉价原料。各种入炉的金属料块度要合适，表面应清洁、少锈和干燥。

（2）配料。

由于目前中频感应电炉大多采用不氧化法（熔化法）操作工艺，不进行脱碳操作，且因炉渣温度较低，化学性质不活泼，所以脱磷、脱硫的能力较差。因此，配料水平将直接影响到冶炼速度和钢液的质量以及坩埚的寿命和金属收得率等。同时，合理的配料对炉前控制化学成分较为方便。所以中频感应电炉生产中要做到"精料"入炉。

所谓"精料"入炉，一是指保证入炉的炉料化清后，钢液的主要化学成分应符合或基本符合工艺要求，且有害的杂质元素尽可能少。二是指生产中所使用的各类金属炉料应具有合适的块度，为后续的合理装料、布料及防止棚料和提高钢液的冶炼速度做好准备。

2. 装 料

炼钢理论和实践证明，炉料的堆密度与熔炼时间、电耗有着直接关系，而合适的堆密度则是靠合适的炉料配比和正确的装料方式来保证。如果炉料的块度配比或装料方式不当，不仅不能使炉料及时熔塌，而且还容易形成炉料的"搭棚"，严重时会造成穿炉事故。因此，应装料重视。

一般情况下，大、中、小金属炉料配比按 35%～45%：45%～50%：15%～25% 进行控制，炉料的块度大小（尺寸和重量）由炉子的具体容量而定。

装料过程中，首先要检查设备及供水系统是否完好，发现问题及时处理；仔细检查并认真清理坩埚；检查炉料是否符合配料单上的要求，确认无误后即可装料。其次在坩埚底部装入炉料占 2%～5% 的底渣，其成分为石灰 75%，萤石 25%。底渣的作用是熔化后覆盖在钢液面上，保护合金元素不被氧化，并起到脱硫作用。底部和下部炉料堆积密度越大越好，上部应松动一些，以防"架桥"。底部应装入易于熔化的炉料，如高、中碳钢，高碳铬铁，锰铁，硅铁等；中部装入熔点较高的难熔炉料如钼铁、钨铁、工业纯铁等；上部为钢料。采用返回料熔炼时，大块料放在中下部，小块料放在底部和大块料中间，车屑等碎料待熔化后加入。1 t 以下的炉子渣料块度为：石灰 10～30 mm，萤石块度小于石灰的块度。

感应电炉坩埚的温度分布如图 3.27 所示。合理的布料原则是：在坩埚底部加小块料；小块料上加难熔的铁合金（如钼铁、镍板等），上面加中块料；坩埚边缘部位加大块料，并在大块料的缝隙内填塞小块料。料应装得密实，以利于透磁、导电，尽快形成熔池。有时为尽快形成熔池，可在炉底铺放一定数量的生铁。

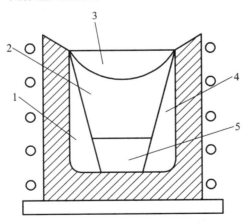

1、4—高温区；2、5—较高温区；3—低温区。

图 3.27 感应电炉坩埚的温度分布

在装料前，首先应清理净坩埚内残钢残渣，并检查炉衬，局部侵蚀严重处可用细颗粒耐火材料以少许液体粘接剂调和修补。坩埚内有小纵裂纹一般可继续使用，但由于横裂纹在冶炼中受到炉料重力作用会继续扩大，极易引起漏钢事故，所以应根据情况决定是否继续冶炼。

要根据金属料的熔点及坩埚内温度分布合理装料。不易氧化的难熔炉料应装在坩埚壁四周的高温区和坩埚中、下部的较高温区，易氧化炉料应在冶炼过程中陆续加入，易挥发炉料一般可待炉料基本熔化后加入熔池。应在炉底部位装一些熔点较低的小块炉料，使尽快形成熔池，以利于整个炉料的熔化。

装料情况对于熔化速度影响极大，为保证快速熔化，坩埚中炉料应装得尽量密实，这就要求大小料块搭配装入。装料应"下紧上松"，以免发生"架桥"和便于捅料。为了早期成渣覆盖钢液，在装料前可在坩埚底部加入少许造渣材料，也可以先在坩埚底部加入一些小块金属料，然后再加造渣材料，这样就可以防止坩埚底部越炼越高。

3. 钢液的熔炼操作

1）熔化期

装料完毕后，送电熔化。熔化期的主要任务是使炉料迅速熔化，脱硫和减少合金元素的损失。熔化期的主要反应有碳、硅和锰的氧化及脱硫反应。

炉料熔化期在整个冶炼过程中占用时间长（一般占 2/3 以上），且伴随着金属熔池的氧化和吸气。为加快冶炼速度，保证冶炼工作的质量，在整个熔化过程中要不断调整电容，保证较高的功率因素，在熔化期应尽量增大功率快速熔化，以减少熔池的氧化、吸气和提高生产率。在熔化过程中应防止坩埚上部熔料焊接的"架桥"现象，"架桥"会使下部已溶化的钢液过热，从而增加吸气和合金元素烧损，延长熔化时间，因此应当极力避免。加强捅料操作，对于缩短熔化期，防止"架桥"现象是很有效的措施。为减少金属氧化和精炼工作创造条件，熔化期应及时往炉内加入造渣材料，时刻注意不要露出钢液，这样，在炉料熔清后，即已形成流动性良好的炉渣。

（1）碳、硅、锰的氧化方式。

在大气中氧的直接氧化：

$$[C] + \frac{1}{2}O_2(g) = CO(g)$$

$$[Si] + O_2(g) = (SiO_2)$$

$$[Mn] + \frac{1}{2}O_2(g) = (MnO)$$

钢液中的氧直接氧化：

$$[C] + [O] = CO(g)$$

$$[Si] + 2[O] = SiO_2$$

$$[Mn] + [O] = MnO(l)$$

炉渣中氧化铁的间接氧化：

$$[C] + (FeO) = CO(g) + Fe$$

$$[Si] + 2(FeO) = (SiO_2) + 2Fe$$

$$[Mn] + (FeO) = (MnO) + Fe$$

（2）脱硫反应。

钢液中的 FeS 进入炉渣：

$$[FeS] = (FeS)$$

炉渣中的 FeS 与 CaO 相互作用：

$$(FeS) + (CaO) = (FeO) + (CaS)$$

熔清后，将含有硫化钙的炉渣除去，即实现了脱硫的目的。炉料熔清预脱氧后，进行炉前分析，分析项目主要有 C，Si，Mn，P，S。用样杯取样时，应在杯中加入少量铝粉，以免钢液氧化影响分析结果。

2）精炼期（还原期）

（1）调整好熔渣成分，有效脱氧。

熔化期的渣主要由氧化钙和氟化钙组成，有坩埚材料熔入的氧化镁等。为了更好地完成精炼任务，还原渣中必须加入萤石、石英砂、粘土砖碎块等，调整炉渣成分，改善其流动性。熔渣调好后，可进行扩散脱氧。脱氧剂的选择是以不影响钢液成分及成本低廉为原则。使用扩散脱氧剂时，应注意炉渣的流动性要好，熔炼温度要适当，不可过高或过低，脱氧剂均匀地、定期地加入渣层，脱氧剂在使用前应严格烘烤，使用铝-石灰粉时，在 600 ℃ 烘烤 1 ~ 2 h，硅铁或硅钙粉烘烤温度为 200 ℃。扩散脱氧时间一般为 15 ~ 20 min。为加快脱氧速度，可同时采用沉淀脱氧。脱氧结束后，进行钢合金化。

冶炼过程脱氧技术：冶炼过程脱氧是感应炉冶炼中最重要的任务之一。感应炉冶炼合金采用扩散脱氧与沉淀脱氧相结合的综合脱氧法。感应炉冶炼使用的扩散脱氧剂有 C 粉或电石粉、Fe-Si 粉、Al 粉、Si-Ca 粉、Al-CaO 等。实践表明，C 粉、Fe-Si 粉只有在金属不怕增碳或增硅时才能使用；Fe-Si 粉和 Al 粉单独使用时，不及 Si-Ca 粉和 Al-CaO 效果好。为保证脱氧效果，应适当控制金属液温度，温度太低扩散脱氧反应不易进行。脱氧剂应分批均匀地撒在渣面上，加入后，轻轻"点渣"加速反应进行。反应未完，不要搅动金属液。

感应炉冶炼使用的沉淀脱氧剂有 Al 块、Ti 块、Al-Mg、Ni-B、Al-Ba、Si-Ca、金属 Ce、金属 Ca 等。往炉内插沉淀脱氧剂时，应沿坩埚壁插入，电磁搅拌力将脱氧剂带向熔池深处。应当指出，从脱氧反应来看，脱氧剂量越多，越有利于脱氧进行的完全。但在一定冶炼设备、冶炼工艺条件下，脱氧只能达到一定的水平，也就是说，只能最大限度地降低氧，而不能彻底地去除氧。这一方面是由于任何脱氧剂的脱氧能力都是有限度的，另一方面是钢渣之间也存在着氧的平衡问题，此外还有耐火材料的作用，空气的氧化等，因此加入过量的脱氧剂，不但增加脱氧剂的消耗，也达不到预期的效果，反而增加钢中的杂质含量，甚至影响合金成分，所以应当根据所炼钢种和生产实践经验，确定适量的脱氧剂。

感应炉冶炼中，一般情况下，扩散脱氧剂用量占装入量 ω 为：Al-CaO 0.4% ~ 0.6%；Si-Ca 粉 0.2% ~ 0.4%；Fe-Si 粉 0.3% ~ 0.5%；Al 粉 0.1% ~ 0.3%。一般情况下，沉淀脱氧剂用量占装入量 ω 为：Al 块 0.05% ~ 0.1%；Al-Ba 块 0.1% ~ 0.2%；Si-Ca 块 0.04% ~ 0.2%。

（2）钢液的合金化。

为了使钢液中各元素的含量达到所炼钢种要求的成分范围，向钢中加入所需元素的铁合金或金属的操作称为合金化，合金元素大多在精炼期加入，也有在装料时加入，在精炼期调整。个别元素加在盛钢桶中。

钢液合金化时，加入合金的时间应遵循下列原则：

① 合金元素的化学稳定性，即合金元素与氧的亲和力，是合金化时起决定作用的因素，要首先予以考虑。即元素与氧亲和力比铁大的元素要晚加，与氧亲和力小的元素可早加。

② 合金的熔点和密度。熔点高、密度大的合金要早加，熔点低、密度小的合金可晚加。

③ 合金的加入量，同一合金加入量多时要适当早加，合金加入量少时可晚加。

根据上述原则一些合金元素的加入时间如下：

① Ni、Co、Cu 等元素在炼钢过程中不会被氧化，故可在装料中配入。

② W、Mo 和氧亲和力比较小，且熔点高，密度大，应早加，熔化法在装料时配入，氧化法在精炼初加入，有利于合金的熔化及均匀成分。

③ Mn、Cr 和氧的亲和力大于铁，在精炼期加入。

④ V 与氧的亲和力较强，在钢液和炉渣脱氧良好的情况下加入。

⑤ Al、Ti 是极易氧化的元素，加入前钢液必须脱氧良好，炉渣碱度适当，在出钢前 2 ~ 3 min 加入炉内。

⑥ 微量活泼元素 B 在加 Al 后加入炉内，也可加在盛钢桶中。

⑦ 稀土元素在加 Al 终脱氧后加入炉内，也可加在盛钢桶中。

影响合金回收率的因素有以下几点：

① 钢液的含氧量。钢液的含氧量直接影响合金元素的烧损，钢液含氧量高，合金回收率低，因此合金加入前钢液要进行脱氧。炉渣中 FeO 含量是衡量钢液中含氧量的标志，渣中 FeO 含量高合金回收率低。

② 炉渣的黏度和渣量。有些铁合金的密度比铁小，加入炉内后浮在渣-钢界面上，如炉渣过于黏稠或渣量过大，不利于合金元素进入钢液，而降低合金元素的回收率。

③ 炉渣的碱度。Al、Ti、B、稀土元素等与氧亲和力特别大的元素合金化时，炉渣的碱度影响它们的回收率。这些元素可以还原渣中的 SiO_2 等氧化物，这些元素被消耗一部分，而导致合金回收率降低，碱度高渣中 SiO_2 被还原得少，碱度低渣中 SiO_2 易被还原，故碱度高 Al、Ti、B、稀土元素的回收率高，碱度低它们的回收率低。

④ 合金元素的加入量。合金加入量大回收率高，合金加入量小回收率低。

⑤ 坩埚的材质。酸性坩埚冶炼含 Al、Ti 钢时，Al、Ti 的烧损大，回收率比碱性坩埚低，酸性坩埚中锰的回收率也比碱性坩埚低。

⑥ 钢液的温度。钢液的温度高合金烧损大，回收率低。

一方面加入不能随炉装入的活泼元素，如 Al，Ti，Zr，V，B，Re 等，另一方面调整随炉装入的合金成分。在合金化开始时，要求钢液中 [O]、[N]、[S] 的含量尽可能低，温度达到出钢温度，如果加入较多的 Al、Ti，可比要求的出钢温度低 20 ~ 40 ℃。合金元素的加入顺序一般是易氧化的后加入，有特殊要求的可灵活加入。合金元素可在炉内加入，也可在盛钢桶或钢锭模中加入，应根据实际情况而定，以完全熔化、分布均匀为目的。

出钢前，要保证钢液的成分合格，对大容量感应炉通过盛钢桶浇注时，在出钢过程中钢液成分会发生变化，要制订出钢前的成分控制范围。

当化学成分合格，钢液脱氧良好，温度合适即可进行钢浇注。

4. 合理的炉前操作技术

（1）控制后续炉料的每次加入量，采用少量、多次的加料方式，尽可能不使钢液温度降得太多，造成结壳。一般每次加料重量为炉内钢液量的30%左右。

（2）勤观察，勤捣料，不允许炉内出现"搭棚"。

（3）及时在钢液表面覆加保温材料，减少热量损失，要求保温材料覆盖钢液面的80%以上。

（4）未加入炉内的炉料，放在炉边或炉台上，进行预热烘烤。

（5）采用热炉，连续生产。

（6）每次出炉后，炉内预留起熔块，为下次开炉做好准备。

5. 原始操作记录

操作记录是反映生产活动，是操作水平、企业管理水平的重要标志，为提高产品质量、工艺改革及进行质量分析提供有效的数据。

操作记录应包括以下内容：

（1）开炉前后检查坩埚尺寸变化，是否存在裂纹或局部损坏，各电器设备的可靠性，冷却水路是否畅通。

（2）装料操作。大、中、小炉料的配比及炉内安放位置，生铁用量。

（3）供电。记录整个熔炼过程中的供电制度。

（4）冶炼操作。每次炉料加入量、取样时间、炉前化验成分、铁合金加入量、出钢时间、出钢温度及操作过程出现的故障。

（三）中频感应炉熔炼用渣

尽管感应炉熔炼时，熔渣温度低、渣量少，但渣对感应熔炼是必不可少的。它保护钢液、减少大气污染，减少钢液热辐射损失，利用渣脱氧、脱硫、脱碳、去夹杂等。感应炉熔炼金用的碱性渣、中性渣和酸性渣成分见表 3.2。但实际成分比表中复杂，应根据不同熔炼特点进行调整。

表 3.2 感应炉用渣的成分

熔渣成分	序号	熔渣的成分/%					用 途
		CaO	CaF$_2$	SiO$_2$	Al$_2$O$_3$	其 他	
碱性渣	1	60 ~ 70	30 ~ 40				碱性坩埚通用
	2	45 ~ 55	45 ~ 55				镍基合金
	3	40 ~ 50	25 ~ 30		25 ~ 30		铁铬镍基合金
	4	60 ~ 70	15 ~ 20	15 ~ 20			铬、镍铬不锈钢
	5	40 ~ 50	10 ~ 15			(FeO)20 ~ 35	脱 C、P 用
中性渣	1	30 ~ 40			45 ~ 55	(MgO)5 ~ 10	高铝钢、铁铬铅
	2	40 ~ 50		40 ~ 50		(MgO)5	高铬、高硅钢
	3	30 ~ 40	10 ~ 15	30 ~ 40	10 ~ 15		高硫高锰易切钢
酸性渣	1	5 ~ 10		75 ~ 80		(Na$_2$O + K$_2$O)0 ~ 15	酸性坩埚通用
	2	普通玻璃					

感应炉熔炼用的造渣材料包括石灰、萤石、石英砂等。

1. 渣　系

感应炉冶炼根据冶炼方法的不同和冶炼钢种的不同而采用不同渣系的炉渣。

（1）碱性冶炼法一般通用 CaO-CaF_2 系碱性渣（CaO 60%~70%，CaF_2 30%~40%）。

（2）酸性冶炼法一般通用普通窗玻璃碎片造酸性渣。

（3）冶炼高铝钢用 CaO-Al_2O_3 系中性渣。

（4）冶炼高硅钢用 CaO-SiO_2 系中性渣。

（5）冶炼高温合金用 CaO-CaF_2 系碱性渣。

（6）冶炼高铝合金可用食盐或冰晶石造渣。

2. 造渣方法

感应炉熔炼的造渣方法有单渣法和双渣法。

（1）单渣法是从熔化到出钢不换渣。它适用于熔化法，便于回收渣中的合金元素，节能和节约时间。缺点是脱硫能力差。

（2）双渣法是熔清后除渣，然后另造新渣，直到出钢。双渣法渣量大，吸收的杂质与非金属夹杂物数量多，有利脱硫。缺点是延长了熔炼时间，增加了电耗。不能充分回收渣中的合金元素。

3. 造渣技术

感应炉冶炼由于炉渣温度低，选择炉渣应特别注意选用低熔点、流动性良好的炉渣。酸性坩埚冶炼时多用普通窗玻璃造渣。在碱性坩埚中，造渣材料可用 CaO 55%~65%，CaF_2 38%~40%，MgO 5%~7%或 CaO 70%，CaF_2 30%；冶炼 S、P 规格较宽而不含 Al、Ti 的钢中，可造 CaO 45%，CaF_2 10%，火砖粉 40%，MgO 5% 的中性渣，此渣熔点低，反应快，侵蚀性不强，坩埚寿命长；冶炼过程中，应随时调整炉渣，造成的渣子应非常活跃，有一定的黏度。炉渣太粘，精炼反应进行不好，而炉渣过稀，金属液吸气量增加，又会加剧坩埚的侵蚀，这对冶炼工作都是不利的。

感应炉精炼期渣量要适量，应能覆盖钢液。渣量过少，不能充分覆盖钢液，而使钢液吸气，和被空气氧化，渣量过多，则增大热能消耗和金属损失。感应炉坩埚中钢液的深度和直径的比值较大，可以减少渣量，但由于电磁力作用产生驼峰现象，使中部钢液凸起，又需增加渣量，实际生产中感应炉精炼期渣量一般控制在钢液量的 2%~3%。当脱硫任务重时，可适当增加渣量。

（四）合金加入量计算

1. 合金元素收得率

用于合金化的合金元素，加入钢中后，其中有一部分与钢液中的氧发生脱氧反应，一部分与炉渣中氧化铁发生反应，生成氧化物而被消耗掉，其余部分为钢液所吸收，成为钢的合金成分，被钢液吸收的合金元素的重量与该元素加入总量之比称为合金收得率。

$$合金收得率\,\eta = \frac{合金元素进入钢中质量}{合金元素加入总量} \times 100\%$$

影响合金收得率的因素：

（1）钢液的含氧量。钢液的含氧量直接影响合金元素的烧损。钢液含氧量高，合金收得率低，因此合金加入前钢液要进行脱氧。炉渣中 FeO 含量是衡量钢液中含氧量的标志，渣中 FeO 含量高合金收得率低。

（2）炉渣的黏度和渣量。有些铁合金的密度比铁小，加入炉内后浮在渣-钢界面上，如炉渣过于黏稠或渣量过大，不利于合金元素进入钢液，从而降低合金元素的回收率。

（3）炉渣的碱度。Al、Ti、B、稀土元素等与氧亲和力特别大的元素合金化时，炉渣的碱度影响它们的回收率。这些元素可以还原渣中的 SiO_2 等氧化物，这些元素被消耗一部分，而导致合金回收率降低，碱度高渣中 SiO_2 被还原得少，碱度低渣中 SiO_2 易被还原，故碱度高 Al、Ti、B、稀土元素的回收率高，碱度低它们的回收率低。

（4）合金元素的加入量。合金加入量大回收率高，合金加入量小回收率低。

（5）坩埚的材质。酸性坩埚冶炼含 Al、Ti 钢时，Al、Ti 的烧损大，回收率比碱性坩埚低，酸性坩埚中锰的回收率也比碱性坩埚低。

（6）钢液的温度。钢液的温度高合金烧损大，回收率低。

由于使用坩埚的不同，铁合金的加入时间及合金元素收得率也不相同。表 3.3 分别列出了碱性和中性电炉采用不氧化法工艺时的铁合金加入时间及合金元素收得率。

表 3.3 碱、中性电炉不氧化法的铁合金加入时间及收得率

元素名称	合金名称	适宜的加入时间	收得率（%）
镍	金属镍	装料时	100
铜	金属铜	装料时	100
钼	钼铁	装料时	100
铌	铌铁	装料时	100
钨	钨铁	装料时	100
铬	铬铁	装料时	97～98
锰	锰铁	装料时	90
	金属锰	还原期	94～97
钒	钒铁	还原期	95～98
氮	氮化锰	还原期（加稀土时）	40～50
	氮化铬	还原期（不加稀土时）	85～95
硅	硅铁	出钢前 10 min	90
铝	金属铝	出钢前 3～5 min	93～95
钛	钛铁	出钢前插铝脱氧后加入	85～92
硼	硼铁	临出钢前加入或出钢时包中冲熔	50

2. 合金加入量计算方法

（1）单元素低合金（＜4%）加入量的计算。当合金加入量少时，可不计铁合金料加入后使钢液增重产生的影响。

$$合金加入量 = \frac{钢液量 \times (规格控制成分 - 钢中残余成分)}{合金成分 \times 合金元素收得率}$$

例：冶炼 45 钢，出钢量为 25 800 kg，钢中残锰量为 0.15%，控制含锰量为 0.65%，锰铁含锰量 68%，锰铁中锰收得率为 98%，求锰铁加入量。

解：锰铁加入量 $= \dfrac{25\ 800 \times (0.65\% - 0.15\%)}{68\% \times 98\%} = 193.6\ kg$

验算：$\omega[Mn] = \dfrac{25\ 800 \times 0.15\% + 193.6 \times 68\% \times 98\%}{25\ 800 + 193.6} \times 100\% = 0.65\%$

（2）单元素高合金（≥4%）加入量的计算。由于铁合金加入量大，加入后钢液明显增重，故应考虑钢液增重产生的影响。此计算式（减本身法）为：

$$合金加入量 = \frac{钢液量 \times (规格控制成分 - 钢中残余成分)}{(合金成分 - 规格控制成分) \times 合金元素收得率}$$

在实际生产中合金加入量在 2% 以上时应按高合金加入量计算，本式也适用于低合金加入量的计算。

例：冶炼 1Cr13 不锈钢，钢液量为 10 000 kg，炉中含铬量为 10%，控制含铬量为 13%，铬铁含铬量为 65%，铬收得率为 96%，求铬铁加入量。

解：铬铁加入量 $= \dfrac{10\ 000 \times (13\% - 10\%)}{(65\% - 13\%) \times 95\%} = 601\ kg$

验算：$\omega[Cr] = \dfrac{10\ 000 \times 10\% + 601 \times 65\% \times 96\%}{10\ 000 + 601} = 13\%$

（3）多元素高合金加入量的计算。加入的合金元素在两种或两种以上，合金成分的总量已达到中、高合金的范围，加入一种合金元素对其他元素在钢中的含量都有影响，采用简单的分别计算是达不到要求的。现场常用补加系数法进行计算。

调整某一钢种化学成分时，铁合金补加系数是：单位质量的不含合金元素的钢水，在用该成分的铁合金化成该钢种要求成分时，所应加入的铁合金量。

补加系数法计算共分 6 步：

① 求炉内钢液量：钢液量 = 装料量 × 收得率%，其中收得率为 95% ~ 97%。

② 求加入合金料初步用量和初步总用量。

③ 求合金料比分。把化学成分规格含量，换成相应合金料占有百分数：

$$合金料占有量 = \frac{规格控制成分}{合金料成分} \times 100\%$$

④ 求纯钢液比分——补加系数：

$$铁合金补加系数 = \frac{合金料占有量}{纯钢液占有量} \times 100\%$$

纯钢液占有量＝100%－各项合金占有量之和

⑤ 求补加量：用单元素低合金公式分别求出各种铁合金的补加量。

⑥ 求合金料用量及总用量。

3. 精炼期合金元素高出规格时处理方法

感应炉炼钢精炼期钢液中合金元素高出规格时采取冲淡法调整。在仔细计算后，补加工业纯铁，增加钢液量，并相应地补加其他合金元素，拉低该合金元素含量至规格以内。

（五）常见问题的处理及预防

在生产过程中，可能会出现各种问题，从而影响正常生产的顺利进行，因此必须及时予以处理。

1. 炉前化学成分超标

处理化学成分超标，首先要计算出所需要补加的铁合金重量，然后加入炉内。如果此时炉内钢液已满，则需要先倒出相应的钢液，然后再加入需补加的合金。但同时还要考虑因补加合金或炉料而对炉内钢液其他成分的影响，并采取相应的措施，确保炉内钢液成分满足要求。

2. 炉料搭棚

（1）处理方法。

用工具挑开或捣断搭棚的金属炉料；用气割枪割断搭棚的金属炉料；倾斜电炉炉体使已熔金属料至搭棚处，逐步熔化。

（2）预防措施。

生产前，对大、长型废钢和轻薄料以及铁合金预先处理，方便下料；装料时，合理搭配大、中、小炉料配比，保证炉料顺利熔塌；加料时勤捣料，使炉料顺利入炉。

3. 钢液结壳

钢液结壳是由于操作不当造成的，并且十分危险，如不迅速处理，会造成重大事故。钢液结壳一般分为轻度结壳和严重结壳两种。

（1）处理方法。

钢液轻度结壳时，可用工具将结壳层捣开，再将结壳推入炉内。处理严重结壳时，首先用工具将结壳层捣开或用气割枪割开，然后倾斜电炉炉体使已熔钢液至金属结壳处，利用已熔钢液逐步熔化。

（2）预防措施。

每次加料量不允许加得太多，以防止炉内钢液温度降得太快，而造成钢液结壳；避免在操作过程中出现较长时间的低功率操作。

4. 座 炉

座炉是因冶炼过程意外停电造成的。根据冶炼时炉内钢液的高度，通常将座炉分为两类：一般座炉和严重座炉。前者指炉内座炉钢液高度低于坩埚高度70%，其特征为表面结壳现象较轻，结壳层较薄，可用工具捣开。后者是指炉内座炉钢液高度大于坩埚高度70%，其特征为表面结壳现象较重，结壳层较厚。

（1）处理方法。

① 采用逐步升温工艺处理。坩埚使用前期或中期出现的座炉，其工艺要点是：充分利用晶闸管感应电炉具有重载启动的特点，在初始功率的选择上及每一功率段保持时间的确定上，应充分考虑炉衬的膨胀状况，使炉衬的膨胀基本上接近座炉钢块的膨胀速率。在达到较高功率段时，应适当延长该功率段的保持时间，使坩埚上的缝隙减少，直至消失。然后才允许进一步提高送电功率，最后将炉料熔化。

② 对坩埚使用到后期出现的座炉，由于此时炉衬较薄，从安全生产考虑，宜打掉炉衬，取出金属料块。

（2）预防措施。

防止冶炼过程中意外停电。

5. 穿 炉

（1）处理方法。

断电并迅速倒出炉内钢液。

（2）预防措施。

生产中勤观察炉衬状况，尤其是炉子使用到后期时，一旦炉衬出现亮红，应立即停炉；每次停炉后，对炉衬被侵蚀严重的部位进行修补；安装报警系统。

6. 冷却水不通

（1）处理方法。

① 控制系统冷却水不通。立即停炉，用压缩空气将其清理畅通，同时向炉内撒加保温材料以覆盖钢液，减小钢液结壳的严重程度，待管路畅通后，继续开炉生产。

② 感应圈内冷却水不通。立即停炉，倒掉炉内钢液，待炉体冷却后，用压缩空气或稀酸溶液将其清理畅通。

（2）预防措施。

平时注意观察各冷却管路中冷却水的流量变化；定期用压缩空气或稀酸溶液进行清理，保持其畅通；保持冷却水的清洁和干净；对硬水进行软化处理。

7. 水泵无法运转

（1）处理方法。

迅速启动备用水泵，继续开炉生产。若无备用水泵，则应断电停炉，倾出炉内钢液，同时打开备用冷却水箱阀门，冷却炉体。

（2）预防措施。

对水泵应经常维护和保养。

8. 电动倾炉机构失灵

（1）处理方法。

采用手动倾炉机构，待生产结束后，对其进行修理。

（2）预防措施。

平时应经常维护和保养，生产前检查各电器开关的灵敏性。

9. 浇包包壁出现亮红

（1）处理方法。

迅速将包内钢液浇注完毕或倒掉，用修补料趁热对亮红处进行修补后，方可继续使用。待浇注完毕后，再做进一步的处理。

（2）预防措施。

生产前对浇包包衬减薄处予以修补；出钢过程中，避免钢液反复冲刷浇包包壁的某一区域。

10. 穿 包

（1）处理方法。

倒掉包内钢液，使用新包进行生产。

（2）预防措施。

生产前对浇包包衬减薄处予以修补；出钢过程中，避免钢液反复冲刷浇包包壁的某一区域。

六、铸件的质量检查与缺陷分析

铸件质量检查对不同岗位的人来说具有不同的目的。质量检查人员检查铸件质量的目的在于发现不合格铸件，避免造成"废品旅行"；铸造工程技术人员检查铸件质量的目的在于对铸件缺陷进行分析以便改进铸件质量。

准确判断铸件的缺陷是分析缺陷产生原因的前提，全面分析缺陷产生原因是制定铸造缺陷预防措施的基础。掌握铸造缺陷的特征、准确识别缺陷、全面分析缺陷产生原因、提出缺陷预防措施是铸造工程技术人员必须具备的重要技能。

（一）铸件质量检查

铸件质量一般包括三个方面：

（1）外观质量。外观质量一般包括铸件的形状、表面质量（表面粗糙度和外表铸造缺陷、铸件表面清理质量等）、尺寸和重量精度（尺寸公差、形位公差、重量公差等）等。

（2）内在质量。包括铸件材料的质量（化学成分、金相组织、冶金缺陷、物理及力学性能和某些特殊性能等）和铸件的内在铸造缺陷等。

（3）使用质量。它包括切削性、耐蚀性、耐磨性、焊接性和工作寿命等。

一般质量管理员检查的目的是发现铸件的不符合项，以判断铸件质量是"合格""返修"还是"报废"。而作为铸造工程技术人员检查质量的目的是分析缺陷形成的原因，以便提出改进质量的措施。

铸件的外观质量检查的依据是铸件的有关标准、技术条件和图样。

1. 铸件形状检查

铸件形状检查应是铸件质量检查的第一步，主要检查铸件的内、外部形状及位置是否与铸件图一致。

2. 铸件表面缺陷的检查

铸件上的缺陷，应按图纸的具体技术要求分为 3 类。

（1）按照技术条件允许存在的缺陷。带有这类缺陷的铸件应视为合格。

（2）允许修复的缺陷。包括可以铲除的多肉，可以焊补的疵孔，可以校正的变形和可以浸渗处理的渗漏等。有这类缺陷的铸件，应按要求做好修复工作，然后再次检验。

（3）存在但不允许修复的缺陷。有这类缺陷的铸件应予以报废。

铸件表面缺陷的检验一般靠目视观察，包括使用小于十倍的放大镜的方法进行检验。

3. 铸件尺寸的检查

检查铸件的尺寸时，应以毛坯图的尺寸为依据。大多数工厂一般没有铸件毛坯图，直接采用零件图绘制成工艺图，在这种情况下，铸件的尺寸由零件尺寸、加工余量、拔模斜度和其他工艺余量构成，其他工艺余量包括分型负数、反变形量、工艺补贴量等。

（1）铸件尺寸公差。

铸件尺寸公差应按毛坯图或技术条件规定的尺寸公差等级执行，当技术文件未规定尺寸公差时，则应以 GB/T 6414—2017 为依据。

（2）铸件尺寸的检查方法。

铸件尺寸的检查方法归纳起来有以下 5 种：实测法、画线法、专用检具法、样板检查法和用仪器测量法。

生产批量小、要求不太严格的简单件，可采用首件检查和定期抽查的方法来控制铸件的尺寸精度；对于大型或要求严格的铸件，应逐个检查，发现问题及时解决，以免造成不必有的经济损失。

4. 重量检查

只在设计图纸要求以铸件的重量公差作为验收依据时，才进行重量检验。检查标准为 GB/T 11351—2017。铸件重量公差标准与 GB/T 6414—2017 配套使用，公差等级与 GB/T 6414—2017 规定的尺寸公差等级对应选取。

5. 表面粗糙度的评定

本项目只在图纸或订货合同有要求时，才作为验收依据。根据国际通用规则，用比较样块作为铸件表面粗糙度的测量工具。检查标准为 GB/T 6060.1—2018。

6. 表面清理质量

（1）厚的铸件外表面上，一般不允许有粘砂、氧化皮和影响零件装配及影响外表美观的缺陷。

（2）机械加工基准面（孔）或夹固面应光洁平整。

（3）铸件内腔应无残留砂芯块、芯骨，以及飞翅、毛刺等肉类缺陷。

（4）铸件几何形状必须完整，非加工面上的清理损伤不应大于该处的尺寸偏差，加工面上的损伤不应大于该处加工余量的 1/2。

（5）除特殊情况外，铸件表面允许存留的浇冒口、毛刺、多肉残余量应按表 3.4 的要求进行。

（6）有特殊清理要求的铸件，应另附图说明要求。

表 3.4　浇冒口、毛刺、多肉等允许残留量值

类　别	非加工面				加工面	
	凸出高度/mm		占所在面积百分比/%		凸出高度/mm	
	外表面	非外表面	外表面	非外表面	占所在面积百分数/%	
浇冒口残余量	−0.5～0.5	<2	—	—	<2～4	—
毛刺残余量	0	<2	—	—	<1～2	—
涨砂残余量	<1	<2	2	4	<2	<15
多肉残余量	<1	<2	—	—	<2	—

（二）铸件化学成分的检验

铸件的成分缺陷，是指实际的化学成分与规定的化学成分不相符合。不同铸造合金的化学成分标准不同，几种铸件参考如下：

灰铸铁件的质量检验规则参照 GB/T 9439—2010 的规定。

球墨铸铁件的质量检验规则参照 GB/T 1348—2009 的规定。

一般工程用铸造碳钢件的质量检验规则参照 GB/T 11352—2009 的规定。

一般工程与结构用低合金钢铸件的质量检验规则参照 GB/T 14408—2014 的规定。

工程结构用、高强度不锈钢铸件的质量检验规则参照 GB/T 6967—2009 的规定。

高锰钢铸件的质量检验规则参照 GB/T 5680—2010 的规定。

（三）铸件力学性能的检验

1. 试样的取样方法

（1）从铸件本体切取试样。试样自铸件指定部位（一般选在铸件上受力最大的部位）上截取，能比较真实地反映该部位铸件本身的力学性能。但这一方法的缺点是损伤铸件，且制造困难，因此只可能在有限的情况下得到应用。

（2）附铸试样。为不损伤铸件本体可采用试样与铸件在同一铸型内铸成。试样与铸件一样均与浇注系统相连，或作铸件某一指定部分的延续。附铸试样只有在试样与铸件有可能实现相同的冷却速度的情况下值得推荐应用，一般情况下少采用附铸试样。

（3）单铸试样。单独浇铸的试样，不能真实反映铸件的力学性能。

2. 铸件力学性能的检验

灰铸铁件的力学性能检验规则参照 GB/T 9439—2010 的规定。

球墨铸铁件的力学性能检验规则参照 GB/T 1348—2009 的规定。

一般工程用铸造碳钢件的力学性能检验规则参照 GB/T 11352—2009 的规定。

焊接结构用碳素钢铸件的力学性能检验规则参照 GB/T 7659—2010 的规定。

一般工程与结构用低合金钢铸件的力学性能检验规则参照 GB/T 14408—2014 的规定。

工程结构用、高强度不锈钢铸件的力学性能检验规则参照 GB/T 6967—2009 的规定。

高锰钢铸件的力学性能检验规则参照 GB/T 5680—2010 的规定。

3. 铸件硬度的检查

如果要求以灰铸铁的硬度作为验收条件，应在订货时经供需双方协商同意，并按 GB/T 9439—2010 标准的附录选定硬度级别，规定铸件测试硬度的位置。对其他材质的铸件，如需方提出了硬度要求，供需双方协商同意后，可在合同中规定有关事项。

（四）铸造缺陷分析

铸件缺陷可分为多肉类，孔洞类，裂纹、冷隔类，表面缺陷、残缺类，形状及重量差错类，夹杂类，性能、成分、组织不合格等八类缺陷。

砂型铸造铸件缺陷主要有：裂纹、冷隔、浇不足、气孔、粘砂、夹砂、砂眼、胀砂等。

1. 裂　纹

根据形成时的温度高低不同，裂纹可分为热裂和冷裂。

（1）热裂是铸件生产中最常见的铸造缺陷之一，裂纹表面呈氧化色（铸钢件裂纹表面近似黑色，铝合金呈暗灰色），不光滑，可以看到树枝晶。裂纹是沿晶界产生和发展的，外形曲折。

研究表明，合金的热裂倾向性与合金结晶末期晶体周围的液体性质及其分布有关。铸件冷却到固相线附近时，晶体周围还有少量未凝固的液体，构成液膜。温度越接近固相线，液体数量越少，铸件全部凝固时液膜即消失。如果铸件收缩受到某种阻碍，变形主要集中在液膜上，晶体周围的液膜被拉长。当应力足够大时，液膜开裂，形成晶间裂纹。

（2）冷裂外形呈连续直线状或圆滑曲线状，常常穿过晶粒，断口有金属光泽或呈轻微的氧化色。形状复杂的大型铸件容易产生冷裂。有些冷裂纹在打箱清理后即能发现，有些在水爆清砂后发现，有些则是因铸件内部有很大的残余应力，在清理和搬运时受到震击形成的。冷裂是铸件中应力超出合金的强度极限而产生的。冷裂通常出现在铸件受拉伸的部位，特别是有应力集中的部位和有铸造缺陷的部位。影响冷裂的因素与影响铸造应力的因素基本是一致的。

2. 气　孔

金属液在凝固过程中，陷入金属中的气泡在铸件中形成的孔洞，称之为气孔，气孔属于孔壁光滑的孔洞类铸件缺陷。与缩松，缩孔，砂眼，夹渣是不一样的，其形成原因也非常复杂。或是因为砂型中的水分含量过高，或是型腔的排气不好，砂芯之间通气不畅，或炉料未烘干等都易造成气孔缺陷。根据气孔形成的机理分为侵入气孔，裹携气孔，析出气孔。

（1）侵入气孔是当金属液浇入砂型中的某一时刻，金属液对砂型（芯）产生剧烈的热作用，使型腔表面的砂层迅速加热到接近金属液的温度，由于水分的蒸发、有机物的燃烧和挥发形成了大量的气体，其中一部分气体通过透气的砂型逸走，但是如果由于型砂或芯砂的发气量大，发气速度快，而使一部分气体不能及时通过型砂逸走时，就可能侵入金属液中，当铸件凝固时，就会在接近铸件的表面形成梨形气孔。

（2）析出性气孔是从液体金属中析出的气体形成的。这种气孔或是球形，或是不规则的形状或针状。在凝固前期析出形成的气孔可能呈球形；但在凝固后期，气孔的形状受凝固界面的影响较大，而呈不规则形状，可能是椭球状气孔或链珠状气孔；凝固后期由于受凝固收缩流动的影响，在铸件的某些部位出现负压，气体将更容易析出，此时的气孔与缩孔是孪生的，即形成所谓气缩孔。析出性气孔可分为过溶析出性气孔和反应析出性气孔两类。

① 过溶析出性气孔是由于溶入液体金属中的气体过饱和析出而形成。在金属凝固过程中，随着温度降低，气体溶解度降低，气体就会析出，如果析出的气体以分子状态存在，就形成了气泡，这种气泡留存在凝固以后的金属中，这就是过溶析出性气孔。这种气孔多为分散小圆孔，直径 0.5 ~ 2 mm，或者更大，肉眼能观察到麻点状小孔，表面光亮。常呈大面积、均匀分布在铸坯断面上，而在最后凝固的部位较多。

② 反应析出性气孔由液体金属中化学反应产生的气体析出形成。金属液凝固时，金属本身化学成分元素与溶解于金属液的化合物，或化合物之间发生化学反应，产生气体，形成气泡而出现的气孔。这种气孔是由于金属液本身的原因而产生的，所以它是一种内生式气孔。

（3）裹携气孔是由于浇注时，浇注系统中的金属液流裹携着气泡，气泡液流进入型腔，或液流冲击型腔内金属液面，将气泡带入金属液中，当气泡不能从型腔金属液中排除，就会使铸件产生气孔。

3. 缩 孔

缩孔是由于金属的液态收缩和凝固收缩得不到补足时，在铸件最后凝固处出现的较大的集中孔洞，分散在铸件内的细小的缩孔称为缩松。缩孔形状不规则、内腔极粗糙。

4. 冷隔和浇不足

液态金属充型能力不足，或充型条件较差，在型腔被填满之前，金属液便停止流动，将使铸件产生浇不足或冷隔缺陷。浇不足时，会使铸件不能获得完整的形状；冷隔时，铸件虽可获得完整的外形，但因存有未完全融合的接缝，铸件的力学性能严重受损。

防止浇不足和冷隔：提高浇注温度与浇注速度。

5. 粘 砂

铸件表面上粘附有一层难以清除的砂粒称为粘砂。粘砂既影响铸件外观，又增加铸件清理和切削加工的工作量，甚至会影响机器的寿命。如铸齿表面有粘砂时容易损坏，泵或发动机等机器零件中若有粘砂，则将影响燃料油、气体、润滑油和冷却水等流体的流动，并会污染和磨损整台机器。

防止粘砂：在型砂中加入煤粉，以及在铸型表面涂刷防粘砂涂料等。

6. 夹 砂

在铸件表面形成的沟槽和疤痕缺陷，在用湿型铸造厚大平板类铸件时极易产生。铸件中产生夹砂的部位大多是与砂型上表面相接触的部位，型腔上表面受金属液辐射热的作用，容易拱起和翘曲，当翘起的砂层受金属液流不断冲刷时可能断裂破碎，留在原处或被带入其他部位。铸件的上表面越大，型砂体积膨胀越大，形成夹砂的倾向性也越大。

7. 砂 眼

在铸件内部或表面充塞着型砂的孔洞类缺陷。

8. 胀 砂

浇注时在金属液的压力作用下，铸型型壁移动，铸件局部胀大形成的缺陷。

第三节　设备操作指南

一、泡沫塑料切割机

泡沫塑料切割机如图 3.28 所示，其主要构件由机架、电热丝及张紧重锤组成，电热丝因通以直流电而发热，从而熔化泡沫塑料达到切割的目的。

直流电源电压一般调整到 15~20 V，看见电热丝微微发红，就可以进行泡沫塑料切割了。如果电压太高，电热丝容易被烧断，且不安全，这点需要特别注意。

切割前，应首先在要切割的泡沫塑料上画出需要切割的轮廓曲线，且留出 1 mm 左右的修整余量。切割时手动推料，要确保推料速度与泡沫塑料熔化速度一致，既要避免电热丝在泡沫塑料外力作用下弯曲，又不能在切割中停留。

设备使用中切忌用手触碰电热丝，以免烫伤。

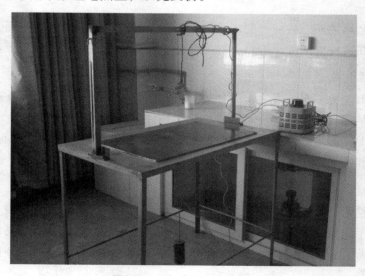

图 3.28　泡沫塑料切割机

二、中频感应电炉操作规程

（1）本设备必须由专人操作，操作者应具有很强的责任心，熟悉本设备的基本工作原理、结构特点，了解维护、保养及有关安全知识，熟练掌握使用方法。

（2）开机步骤。

① 系统冷却水：使水压在 0.1 ~ 0.2 MPa，检查各路冷却水管应畅通无阻，各水管接头应无渗漏现象。

② 检查无误后即可通电启动。先合上三相进线隔离开关，观察机柜面板上交流电压表指示是否正常。按下"控制接通"按钮，然后将"功率调节"旋钮逆时针方向调到最小位置。

③ 合上"空气开关"，主回路得电，相应绿色指示灯亮。

④ 按"故障解除"按钮，使其指示灯熄灭。

⑤ 顺时针慢慢旋动"功率调节"旋钮，直到中频频率表、中频电压表及直流电压表均出现计数，并听到机器中发出的中频啸叫声，说明逆变启动成功。

⑥ 在启动操作过程中，出现直流电流表指示急剧增大，而中频频率表、中频电压表没有指示且听不到中频啸叫声时，则表明启动失败。此时应将"功率调节"旋至最小，重新按步骤⑤。

⑦ 启动或运行过程中，设备如果出现过流、过压现象（此时红色故障解除指示灯亮）时，应先将"功率调节"旋至最小位置，再按"故障解除"，然后按照步骤 ⑤ 重新启动。

（3）关机步骤。

① 先将"功率调节"逆时针方向慢慢调到最小位置，按"工频断开"按钮，再关断控制电源，最后拉下三相进线隔离开关。

② 关闭主机柜、电容柜冷却水。感应器冷却水应在炉内温度低于 100 °C 后才能关闭。

（4）使用结束后，应清理打扫炉台、炉前及附近场地清洁卫生。

三、浇注操作规程

（1）浇包须经烘烤，扒渣、挡渣工具需预热干燥。

（2）浇包要放平、放稳。盛水不得过满，浇注剩余的金属液不准乱倒（如果倒在坑内，不能用砂子蒙盖，防止误踏伤人）。

（3）浇注时应有专人负责挡渣、引气，以免型腔憋气。

（4）浇注时应戴好防护眼镜、防护帽和穿好防护鞋，严禁从冒口观看金属液上升情况，浇注对面不得站人，以防金属液喷溅伤人。

（5）熔化的金属液，不要与生锈潮湿和硬冷物骤然接触，防止金属液喷溅伤人。如金属液溢出时，要用铁锹取砂和泥堵塞。

（6）扒渣和挡渣不准用空心棍，不准将扒渣棍倒着扛和随地乱放。

（7）如浇包、扒渣工具有损坏应及时修复。

第四章　玻璃及陶瓷

第一节　高铝砖生产实验

一、实验器材及原料

1. 实验器材

（1）分析器材：Al_2O_3 化学分析器。

（2）破/粉碎设备：颚式破碎机、干躁机、管磨机，也可采用加工好的颗粒料。

（3）筛分设备：标准套筛。

（4）计量设备：台秤。

（5）混炼设备：碾压机。

（6）液压成型机：成型压力 ≥500 kN；成型模具：230 mm×114 mm×65 mm。

（7）干燥设备：电热干燥箱；高温电炉：温度 ≥1 600 ℃ 和 ≥1 800 ℃ 两种或 ≥1 800 ℃ 一种。

（8）其他设备：耐压强度试验机、气孔率实验设备、荷重软化温度实验机、热稳定性实验设备。

2. 原　料

高铝矾土熟料、高铝矾土、四节黏土、亚硫酸纸浆废液等。

二、实训过程

按下面的工艺流程进行实验：原料→破/粉碎→粒度测试→配料→混炼→粒度测试→成型→干燥→半成品性能测试→烧成→成品性能检测。

1. 原料及要求

原料性能如表 4.1 所示。

表 4.1　原料性能

原料名称	$\omega_{(Al_2O_3)}$ /%	$\omega_{(Fe_2O_3)}$ /%	吸水率/%	灼减量/%	耐火度/°C
高铝矾土熟料	≥80	≤2	≤5	—	>1 790
四节黏土	≥70	≤1.5	—	12 ~ 16	>1 790
天然高铝矾土	28 ~ 40	≤2.0	—	8 ~ 14	>1 790

2. 原料破/粉碎

颗粒料的制备：将高铝矾土熟料经过颚式破碎机、碾压机破碎、经筛分制成 6 目以下颗粒备用。粒度要求：粒度大于 4 mm 的颗粒占 6%；粒度大于 2 mm 的颗粒占 50% 及以上。

混合粉的制备：先按 78% 高铝矾土、11% 天然高铝矾土，11% 四节黏土进行配比。再经颚式破碎机、碾压机、管磨机破/粉碎，制成细度不大于 0.074 mm 的混合粉。

注：也可采用加工好的颗粒料和混合粉。

3. 泥料配比及混炼

泥料配比：60% 高铝矾土熟料颗粒（6 目），40% 混合细粉（200 目），4.5% ~ 5.5% 亚硫酸纸浆废液（$\rho \geq 1.17$ g/cm³）（外加）。

使用混炼设备进行混炼，加料顺序为：颗粒料→纸浆废液→混炼 2 ~ 3 min→混合细粉→混 8 ~ 10 min→出料，备用。

4. 成　型

采用液压机成型，成型压力 ≥500 kN。

砖坯规格：230 mm × 114 mm × 165 mm，压制 10 块。

砖坯单重控制在 5.5 kg。

测量半成品尺寸；检测半成品体积密度和吸水率，并记录。

5. 干　燥

将半成品在电热干燥箱中干燥，干燥温度为 110 °C，干燥时间为 24 h 及以上。砖坯残余水分 ≤1.0%。

6. 烧　成

将干燥且检查无缺陷的半成品装入高温炉中烧成，按电炉操作规程操作。最高烧成温度 1 500 °C，烧成周期 6 h。

第二节　卫生陶瓷生产实训

卫生陶瓷的制备包括泥浆和釉浆的制备，胚体成型、施釉、烧成等主要工序。卫生陶瓷产品质量的好坏与泥釉料配方、工艺参数及工艺控制密切相关。本实验目标是要求学生制备出陶瓷坩埚或肥皂盒等小件制品，从中了解卫生陶瓷的生产工艺技术，提高操作技能。可分组进行各阶段的实验，然后组合在一起，也可以上一组为下一组制备泥浆、釉浆和胚体。

一、实验器材

（1）长石、石英、高岭石、石灰石、白云石、氧化锌、锆英粉等釉用原料若干千克，电解质（CMC）少许。

（2）泥用原料：长石、石英（或白砂岩）、生大同土、抚宁瓷石、紫木节、章村土、彰武土、苏州土、碱矸、白云石、电解质（碱面、水玻璃）等。

（3）瓷磨罐、30 kg 球磨机等磨制设备、普通天平（台式）、小磅秤。

（4）标准筛、烧杯、玻璃棒、恩氏黏度计、吸干速度测试工具、塑料杯、瓷盘等。

（5）石膏模型（坩埚、肥皂盒、试片）。

（6）干燥箱、电炉、测吸水率和热振稳定性装置等。

二、实验步骤

1. 制备泥浆

（1）按照下列坯式计算坯料配方（%）：计算出各种原料的百分比含量（干基）。坯式如下：

$$
\left.\begin{array}{l} 0.207\ K_2O \\ 0.041\ Na_2O \\ 0.017\ CaO \\ 0.128\ MgO \end{array}\right| \left.\begin{array}{l} 0.971\ Al_2O_3 \\ 0.029\ Fe_2O_3 \end{array}\right. \left.\begin{array}{l} 4.792\ SiO_2 \\ 0.021\ TiO_2 \end{array}\right|
$$

注：电解质、水为外加，电解质含量 0.5%、水 38%～40%（占干料量的）。

（2）原料烘干，不烘干时计算出含水分原料的加入量。

（3）按照配方准确称量各种原料的加入量。将原料、电解质、水一同装入球磨机中磨制。料：球：水 ＝ 1：1：0.4；磨制 10～15 h，细度为 2%～4%（350 目筛余），过筛、除铁、陈腐后备用。

（4）测试和记录泥浆的性能指标：水分、细度、流动性、吸浆厚度。

2. 制备釉浆

（1）按照下列釉式计算釉料配方（%）：计算所用各种釉用原料的百分比含量。

$$
\left.\begin{array}{l} 0.161\ K_2O \\ 0.091\ Na_2O \\ 0.529\ CaO \\ 0.065\ MgO \\ 0.154\ ZnO \end{array}\right| \left.\begin{array}{l} 0.239\ Al_2O_3 \\ 0.003\ Fe_2O_3 \end{array}\right. \left.\begin{array}{l} 2.555\ SiO_2 \\ 0.151\ TiO_2 \end{array}\right.
$$

（2）按配料量计算各种原料的加入量。电解质（CMC）0.2%～0.3%、水 45%（外加）。

（3）将各种原料、电解质、水和磨球加入瓷磨罐中，料∶球∶水 = 1∶2∶0.45，在研磨设备上磨制 20 ~ 25 h，细度 350 目筛余 0.02% ~ 0.06%，过筛、除铁后备用。

（4）测试釉浆的工艺参数：水分、细度、流动性、吸干速度等。

3. 成型坯体

泥浆注入石膏模型中，吃浆 30 ~ 45 min 后放浆。待坯体硬化后脱模，放在平整的托板上入干燥箱干燥。坩埚（或皂盒）内径 4 cm，高 2 cm，制 5 ~ 10 件；50 mm × 50 mm × 8 mm 的试片 6 ~ 10 片。

将干坯修好，用湿布擦拭干净备用。

4. 施　釉

（1）将坯体浸入釉浆中，静置一段时间，取出将多余釉浆控掉。釉层厚度大于 0.55 mm。注意浸釉时间应保持一致；坯体底面应无釉，以防烧成时粘连。

（2）釉坯应自然干燥一段时间。

5. 烧　制

（1）将釉坯放在平整的耐火托板上（无釉面接触托板）入电炉中烧制。最高烧制温度为 1 180 ~ 1 230 ℃。

（2）冷却后观察制品的外观质量并记录。坩埚面上无破隙，釉面无裂纹，即说明坯釉适应性很好，坯釉间无显著应力。如果有破隙或裂纹，即说明坯釉适应性不好。实践证明，釉层厚薄对坯釉适应性是有影响的，厚釉层较之薄釉层更容易出现釉层裂纹或剥离现象。当然，釉的高温熔体黏度及釉的高温熔体表面张力对釉面质量也有影响，如缩釉、桔釉、流釉、针孔以及釉面平整光滑等均与釉的高温黏度和表面张力有关。

（3）观察试制品的吸水率、热振稳定性，并记录。

第三节　羟基磷灰石（HA）陶瓷生产实验

一、器材及原料

器材：电热恒温水浴锅、强力电动搅拌机、离心机、电热鼓风干燥箱、烧结炉、烧杯、三角瓶、蒸发皿等。

原料：氢氧化钙、磷酸二氢钙、柠檬酸等。

二、实验步骤

采用分析纯磷酸二氢钙［$Ca(H_2PO_4)_2 \cdot H_2O$］和氢氧化钙［$Ca(OH)_2$］为主要原料，以去离子水作溶剂，并加入适量添加剂。

$$Ca(H_2PO_4)_2 \cdot H_2O + Ca(OH)_2 \longrightarrow Ca_{10}(PO_4)_6(OH)_2 + H_2O$$

依据化学反应方程式及反应物的纯度计算理论上完全反应所需磷酸二氢钙 $[Ca(H_2PO_4)_2 \cdot H_2O]$ 和氢氧化钙 $[Ca(OH)_2]$ 的比例。

（1）称取 5.45 g $Ca(OH)_2$ 粉末加入 5 000 mL 三角瓶中，用去离子水配成过饱和溶液。

（2）在上述溶液中加入 0.5 g 柠檬酸和 8.28 g $Ca(H_2PO_4)_2 \cdot H_2O$，并置于 70 ℃ 恒温水浴锅中用强力搅拌机恒温搅拌 2 h。

（3）将三角瓶取出，陈化 24 h，去除上层水，将剩余溶液离心脱水得到凝胶。

（4）将凝胶置于球磨中加入适量磨球和无水乙醇并球磨处理 1h 后取出，在电热鼓风干燥箱中干燥 12 h 得到干凝胶。

（5）取出干凝胶，加入放有无水乙醇的研钵中，手工研磨 1 h 后将粉末烘干。

（6）将干粉在 750 ℃ 烧结处理 2 h 得到所需 HA 粉末。

（7）将粉末置于模具中，在一定压力下压制成型，随后将成型坯体置于热处理炉中烧结 2 h 得到羟基磷灰后（HA）陶瓷。

第四节　玻璃制品生产实验

一、器材及原料

器材：高温电炉、高铝坩埚、耐火匣钵、高温防护眼镜、长夹钳等。

原料：二氧化硅、氧化钙、氧化镁、三氧化二铝、氧化钠、硼砂、二氧化锰、氧化亚铜、三氧化二铁等。

二、实验步骤

（1）设计玻璃成分，可参照表 4.2 进行 Na-Ca-Si 玻璃体系原材料的配比。

表 4.2　Na-Ca-Si 玻璃体系原材料的配比

配方编号	SiO_2	CaO	MgO	Al_2O_3	Na_2O
1	71.5%	5.5%	1%	3%	19%
2	69.5%	9.5%	3%	3%	15%

（2）熔制温度的估计，玻璃成分确定后，为了选择合适的高温炉和便于观察熔制现象。应当估计一下熔制对于玻璃形成到砂粒消失这一阶段的熔制温度，可按 M.Volf 提出的熔化速度常数公式进行估算：

$$\tau = \frac{SiO_2 + Al_2O_3}{Na_2O + K_2O + \left(\frac{1}{2}B_2O_3\right) + \left(\frac{1}{3}PbO\right)}$$

根据 τ 与熔化温度的关系（见表 4.3），可大致确定该温度的熔制温度。

表 4.3　τ 与熔化温度的关系

τ	6.0	5.5	4.3	4.2
$T/°C$	1 450 ~ 1 460	1 420	1 380 ~ 1 400	1 320 ~ 1 340

（3）玻璃熔制实验所需的原料一般分为工业矿物原料和化工原料。在研制一种新玻璃品种时，为了排除原料中的杂质对玻璃成分波动的影响，尽快找到合适的配方，一般都采用化工原料（化学纯或分析纯，也有用光谱纯）来做实验。本实验选用化工原料。

（4）配合料的制备，为了保证配料的准确性，首先将实验用原料干燥，按配料单称取各种原料（精确到 0.01 g）并在研钵中混合均匀。

（5）熔制操作，将配合料装入高铝坩埚中，为防止坩埚意外破裂造成电炉损坏，可在浅的耐火匣钵中垫以 Al_2O_3 粉，再将坩埚放入匣钵中,然后推入电炉的炉膛并通电加热至 1 300 ~ 1 450 °C 保温 2 ~ 3 h，使玻璃液完成均化和澄清过程。

（6）玻璃的成型采用"模型浇注法"。将完成熔制的高温玻璃液，倾注入经预热过的金属或耐火模具中，然后立即置入预热至 500 ~ 600 °C 的马弗炉中，按一定的温度制度缓慢降温得到具有一定几何形状的玻璃。

第五节　日用陶器生产实验

一、器材及原料

器材：马弗炉、耐火匣钵、长夹钳等。
原料：轻质黏土、硬质黏土、石英、长石等。

二、实验步骤

（1）将硬质黏土、石英煅烧后和长石破碎后与轻质黏土经球磨机球磨至一定细度再练泥成坯料。

（2）将坯料手工捏制成不同的形状。

（3）成型后的坯体还含有一定的水分，需在烘箱中 60 °C 干燥 24 h。

（4）把干燥后的坯料放入耐火匣钵中置于马弗炉中，在 700 ~ 1 000 °C 下烧制 2 ~ 3 h，随炉缓冷至室温，取出即可得到简单的日用陶器。

第六节　粉体粒度测定

利用激光粒度分析仪（英国马尔文公司产品）对 20 ~ 2 000 nm 的粉体进行检测，利用光散射/衍射原理进行粒度分析，是先进的激光技术和计算机技术有机结合的高新技术结晶。它具有（测试）速度快、精度高、重复性好和操作简单等突出优点。

一、实验原理

根据光学原理可知，在真空或均匀介质中光是沿直线传播的，不会偏离传播方向。但是当介质中参入微小颗粒时，便破坏了介质的均匀性，于是便会产生光散射现象。所谓光散射，就是光线通过介质时，射线偏离或改变原传播方向的现象，它包括光的衍射（光线绕过粒子）、折射和反射等光学现象。散射可以看成是微粒对于入射光的（重复）反射、折射和衍射等综合效应的结果。

当一束可见光照射在混入细小颗粒的均匀介质时，一部分光线可自由通过分散体（透射），一部分光线被吸收（光衰减），另一部分光线则被散射。当颗粒在介质中悬浮分散，即颗粒在介质中呈单颗粒状态时，光线与颗粒的作用以散射为主。散射的类型、程度（光能分布）和介质中的颗粒大小存在着一一对应的关系，即颗粒大小一定时，其散射光的空间（光能）分布（规律）也就确定了。这就是激光散射/衍射技术的光学基本原理。

众所周知激光散射/衍射技术的理轮基础是夫琅和费衍射理论和米氏散射理论，其前提都是以介质中的颗粒为球形这一假设条件为出发点的。因此，对于球形颗粒的测量，激光粒度仪可直接得出体积平均径和体积分布；对于（非球形）颗粒的测量，可得出当量体积分布和当量平均粒径；而对于严重偏离球形的片状（铝膏、铝粉）颗粒，激光粒度仪给出的是（等效）面积分布和投影面积当量径。

理论分析和计算表明，片状（铝粉）颗粒的衍射与颗粒方位有关。当颗粒法向与光轴平行时颗粒衍射等同于圆孔衍射；当颗粒法向与光轴成某一角度时，颗粒衍射等同于椭圆孔径的衍射，角度越大，椭圆的短轴越小。当细小的片状（铝粉）颗粒在液（流）体中运动，由于其速度很小可以看作在层流区，颗粒的方位是各向同性的。因此一个片状（铝粉）颗粒的衍射光能分布，即不等效于等体积球形颗粒的衍射光能分布，也不等效于其他任一个单一球体的衍射光能分布，而是等效于（一系列）不同大小呈椭圆形衍射（光能分布）能谱的集合。因此，用激光粒度仪测得的片状颗粒的粒度分布比其当量球形颗粒的分布要宽。

二、实验步骤

（1）接通仪器电源，预热 10～15 min。

（2）在样品池中注入蒸馏水，同时打开排水管以便排出管内气泡，后用卡子卡住排水管，使样品窗中充满蒸馏水，随时注意保持样品池中水位不低于 1/3。

（3）打开电脑主机上的 Mastersizer 程序，设置好各种参数后，点击"加样品"按钮。

（4）加入适量被测样品于样品池中，启动搅拌器与超声器，使样品在分散液中充分分散。

（5）超声一段时间后，打开抽水泵机使样品悬浮液进入样品窗。

（6）按下开始检测按钮，机器开始检测。液晶屏显示"稍候……"，随即显示测试结数据表，显示颗粒群的粒度分布图。

（7）样品池的清洗。

① 样品测试前后必须清洗样品池与样品窗及全部制样系统。

② 清洗采用蒸馏水，自样品池注入，至排水管放出，反复多次。

③ 清洗时，观察能谱高度，能谱降至 0 位，可认为清洗完毕。

第五章 粉末冶金与 3D 打印球粉

第一节 粉末冶金及其基本工序

粉末冶金是制取金属粉末或用金属粉末作为原料，经过成型与烧结，制取各类金属制品的一种工艺技术。粉末冶金材料和制品的应用范围十分广泛，从普通机械制造到精密仪器，从五金工艺到大型机械，从电子工业到电机制造，从采矿到化工，从民用工业到军用工业，从一般技术到尖端高科技，都有粉末冶金的用武之地。

1. 粉末冶金具有的特点

（1）能生产普通熔炼法无法生产的具有特殊性能的材料。如多孔材料、多孔含油轴承、难熔化合物与金属组成的硬质合金。

（2）某些材料上的制备性能优越。如难熔金属使用熔炼法时晶粒粗、纯度低。

（3）粉末冶金制造机械零件是一种少切削、无切削的新工艺，可提高劳动生产率和原材料的利用率。

通过粉末压制与烧结制取钛基粉末合金的工程实训，使学生熟悉粉末冶金制取材料的工艺流程与特点，掌握原始粉末的分析、模压及冷等静压成型的设备具体操作与特点、工艺特点（产品烧结过程中温度、时间对产品性能的影响）、产品质量控制（多孔材料视比重与孔隙率的测定以及排水法测定产品密度的方法）。

2. 粉末冶金工艺的基本工序

（1）制粉——原料金属粉末的制得，包括粉末的制取、粉料的球磨混合等步骤，为改善粉末的成型性和可塑性通常加入汽油、橡胶或石蜡等增塑剂。

（2）成型——将金属粉末制成一定形状和尺寸的压坯，粉末一般在数百兆帕压力下，压成所需形状，并使之具有一定的密度和强度。

（3）烧结——即将坯料在主要组元熔点以下温度烧结，使制品具有最终的物理、化学和力学性能。烧结不同于金属熔化，烧结时至少有一种元素仍处于固态。烧结过程中粉末颗粒间通过扩散、再结晶、熔焊、化合、溶解等一系列的物理化学过程，成为具有一定孔隙度的冶金产品。烧结一般在保护气氛的高温炉或真空炉中进行。

（4）后处理。一般烧结好的制件可直接使用，但对于某些尺寸要求精度高并且有高的硬度、耐磨性的制件还要进行烧结后处理。后处理包括精压、滚压、挤压、淬火、表面淬火、浸油及熔渗等。

粉末冶金工艺的基本工艺与设备如图 5.1 所示。

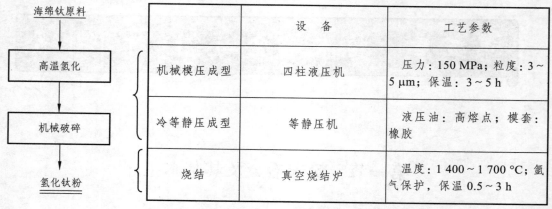

	设 备	工艺参数
机械模压成型	四柱液压机	压力：150 MPa；粒度：3～5 μm；保温：3～5 h
冷等静压成型	等静压机	液压油：高熔点；模套：橡胶
烧结	真空烧结炉	温度：1 400～1 700 ℃；氩气保护，保温 0.5～3 h

图 5.1　粉末冶金工艺流程

随着技术的发展，以粉末冶金为基础的 3D 打印快速发展。3D 打印是快速成型技术的一种，它是一种以数字模型文件为基础，运用粉末状金属或塑料等可粘合材料，通过逐层打印的方式来构造物体的技术。3D 打印通常是采用数字技术材料打印机来实现的。常在模具制造、工业设计等领域被用于制造模型，后逐渐用于一些产品的直接制造，目前市面上已经有使用这种技术打印而成的零部件。

第二节　氢化钛粉制备

研究氢化钛粉末的制备方法和在不同实验参数下制备的氢化钛粉末物性的分析。制备氢化钛粉末的原料是海绵钛和氢气，将海绵钛放置在氢气流环境中在一定温度下保持一定的时间即可生成氢化钛块，再通过对氢化钛块的破碎和碾磨得到氢化钛粉末。本节将根据温度和时间这两个工艺参数设计实验，将实验的产品通过脆性分析、扫描电镜下粒度分析、X 射线下物质结构分析、元素含量检测得出脆性高、粒度均匀、物质结构一致、氢化钛纯度高的优质氢化钛粉，即分析出生产优质氢化钛粉的最佳温度、时间的工艺条件。

一、生产原理及方法

金属钛在一定的条件下能够吸收氢气，生成钛的氢化物，从而使具有韧性的海绵钛强度大大降低，变脆，便于磨碎快速制成氢化钛粉。氢化脱氢法是利用钛与氢的可逆特性制备钛粉的一种工艺，钛吸氢后产生脆性，经机械破碎制成氢化钛粉此工艺生产的钛粉粒度范围宽、成本低、对原料要求低，目前已经成为国内外生产钛粉的主要方法。反应式如下：

$$2/x\mathrm{Ti(s)} + \mathrm{H_2(g)} = 2/x\mathrm{TiHx\,(s)} \tag{5.1}$$

氢气进入钛的晶格结构后，使钛具有脆性，很容易被机械所粉碎。再升高温度反应开始剧烈，并快速大量地吸氢，致使系统压力骤降，系统呈现负压，这时容易发生空气倒灌而引起事故，钛和氢气直接反应生成氢化钛的关键是控制好系统氢压，并且这种反应具有可逆性强、反应速度快以及反应热大的特点，海绵钛在一定的氢气正压下和高温状态下，反应式（5.1）向正方向进行，海绵钛变成容易破碎的氢化钛。

氢化钛经过磨碎成粉后在真空和高温下又向相反的方向进行，脱去氢后便形成钛粉。钛与氧、碳等间隙元素的结合能比与氢的结合能小，因此氢化法对产品没有净化作用。若要制得高纯度氢化钛粉，需采用纯度较高的原料及严格控制工艺过程。因为作钛粉的原料的氧不能在生产工艺过程中被去除，要想生产出高质量的钛粉必须使用高质量的原料钛，且要求原料中氧含量要小于0.1%。

氢化钛粉在接近真空的条件下加热，从而制得钛粉。这种钛粉为不规则形状，生产成本相对较低，其中脱氢和脱脂为两个独立的过程。此外，以成本较低的氢化钛粉为原料、采用一步法也可以制得钛合金，即脱氢在脱脂（或烧结）过程中实现，与前一种方法相比该法工序减少并降低了合金生产过程中被污染的可能性，因此可以降低产品的生产成本并提高其最终性能。反应式为

$$TiH_2 \Longleftrightarrow Ti(s) + H_2(g)$$

二、制备流程

根据钛的性质，本书制备氢化钛的方法是，将金属钛放置在氢化脱氢炉中并与氢气发生器连接，在常温下通氢气20 min排出陶瓷管中的空气，然后使氢气流量稳定、充足，并保持0.1 MPa。然后升高所需反应温度并保持反应时间来实现原料海绵钛与氢气的反应。当反应时间到后停止加热并使氢化钛空冷至室温得到氢化钛块，然后通过破碎使其形成粉末，即为氢化钛粉。其工艺流程如图5.2所示。

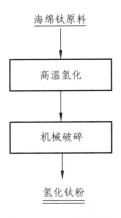

图 5.2　实验流程图

将氢化钛粉放置在有盖的坩埚中，再将坩埚放入脱氢炉中，升高到所需反应温度时间并设置保温时间来实现氢化钛粉脱氢制备钛粉的反应。当加热程序结束，炉体冷却至室温，便可得钛粉。

三、设备及材料

氢化钛与钛粉的制备所需设备及材料见表 5.1。

表 5.1　设备及材料

编号	仪器、材料	数量
1	氢气发生器	1
2	分析天平	1
3	电阻炉	1
4	陶瓷舟	5
5	氢化脱氢炉	1
6	筛子	2

四、工艺步骤

用电子秤称量 5 kg 海绵钛颗粒加入陶瓷舟中，将加入海绵钛的陶瓷舟放入在电阻炉的石英管中待加热。将氢气发生器打开，使氢气量达到 1 MPa 后，将氢气通气管接入氢化脱氢炉的一端保持密封。气管接好后通氢 15～20 min 以确保排尽残留的空气，然后打开氢化脱氢炉控制器将温度调到所需温度。海绵钛大量吸氢后保持炉内 0.1 MPa 的氢气压力。时间到后将电阻炉温度调为 0 ℃，等到海绵钛自然冷却到室温得到氢化钛块，然后通过密封破碎机破碎使其形成粉末，便得到氢化钛粉。

氢化钛粉再在真空和高温 700 ℃ 下又向相反的方向进行，脱去氢后便形成钛粉。一般原料中氧含量应小于 0.1%。

五、氢化脱氢操作

（一）准备工作

1. 冷却水检查

开机前，检查冷却水是否有漏水的情况，如有及时进行处理后再进行下面的操作。

2. 电路开启

3. 设备气密性检查

打开氢化炉盖，装入试样。在炉盖内侧涂上密封胶，再放上石墨垫片，最后将炉盖密封。随后向炉内通入惰性气体，随后关闭进气阀，静置 10～30 min，看炉内压力是否降低，如有降低，及时检查炉盖密封。

（二）氢化主要操作步骤

（1）氢化炉的抽真空操作：确保炉内压力低于 0.1 MPa。

（2）氢化炉通氢：通入实验所需要压力的氢气，$p = 1.2$ MPa

（3）氢化炉升温控制：当炉子在设定压力、温度下工作了所需要的时间后，关闭氢化炉加热。

（4）待系统冷却到室温，再打开炉盖，取出样品。

（三）脱氢主要操作步骤

（1）脱氢炉的开机准备（电源，水源，气源准备）。

（2）抽真空：10 Pa 以下。

（3）脱氢炉加热控制：当炉子在设定压力、温度下工作了所需要的时间后，关闭加热。

（4）真空泵关机，正常冷却至常温 50 ℃ 左右。

第三节　粉末冶金（压制与烧结）

一、粉末压制

（一）成型前原料的准备

在成型前，粉末中常常要添加一些改善成型过程的物质，即润滑剂和成型剂。这些物质在烧结过程中能挥发干净。石蜡、合成橡胶、甘油、塑料以及硬脂酸或硬脂酸盐等是粉末冶金中常用的润滑剂和成型剂，添加量一般为粉末的 1% ~ 5%（质量）。本实验中采用在钨粉中掺加精炼石蜡，加入量为钨粉的 2%（质量）。步骤如下：

（1）称取钨粉 5 kg，平铺在不锈钢拖盘中。

（2）称取精炼石蜡 100 g，均匀撒在钨粉上。

（3）将装钨粉的不锈钢拖盘放在烘箱中，缓慢升温到 100 ~ 120 ℃，保温 5 min。

（4）将上述钨粉从烘箱中取出，迅速搅拌均匀。

（5）待钨粉自然冷却到 40 ~ 50 ℃ 后，将粉末过 40 目筛，筛上物不要。

（6）将（5）中筛下的钨粉再过 120 目筛，筛下钨粉即为压制用钨粉。

（二）压制成型

1. 模压成型

为了获得所设计的压坯密度和强度，一般有限位法和限压法两种方法。本实验采用限压法，实验步骤如下：

（1）称取每件制品重量 75.0 g，倒入压模中。

（2）将压模放在液压机下，压制压力为 200 MPa。

（3）将压制好模具加上脱模环，将压坯从压模中脱出。

2. 冷等静压成型

实验步骤如下：

（1）将计算每件制品装粉重量。按钨粉理论密度 60% 计算。

$$G = \rho_{坯}V = 0.6\rho_{理}(2\pi r^2 h) = 1.2\pi\rho_{理}r^2 h$$

（2）将称好钨粉装入压制模套中，用柱塞塞好模套口，并用铁丝捆扎好模套口。

（3）将装好钨粉模套放入液压缸中，盖好缸盖。

（4）启动等静压机，加压至 200 MPa，保压 5 min。

（5）卸下液压机压力，打开缸盖，取出压制件，将表面油擦拭干净，解开铁丝，取出制品。

二、烧　结

（一）成型剂脱除

（1）将模压坯块放在不锈钢舟皿中，如果堆放多层，层与层之间要用 Al_2O_3 砂隔开。

（2）将装好的料舟皿放在氢气脱蜡炉中。

（3）通氢，试爆鸣后，点燃炉中排出废气。

（4）启动加热电源，按工艺要求进行脱蜡处理。

（5）待炉体冷却后取出坯料。

（二）烧　结

（1）将脱完蜡后的钨坯码放在中频感应烧结炉中，层与层之间要用 Zr_2O_3 砂分开。

（2）通氢，试爆鸣后，点燃炉中排出废气。

（3）启动加热电源，按工艺要求进行烧结。

（4）待炉体冷却后取出坯料。

三、冷等静压操作

冷等静压设备的主要组成部分：

液压站——主要实现系统的液压传动与系统压力的供给，通过增压缸和增压器来实现设备的高压增压。

机架——主要实现对高压腔的固定作用，该半圆形机架可以沿地板的导轨前后移动（当机架向后移动，则高压腔顶盖升起可取/放样品；当机架向前移动则可固定高压腔）。

高压腔——系统的工作部件，需要压制的材料放置于该腔室。

控制柜——整个系统的核心控制部件。

补液箱——主要用于存储高压腔体内的多余液压介质，介质可以是油或水，目前补液箱内盛放的是普通 46 号抗磨液压油。

（一）实验前人员与环境准备

（1）实验前人员检查导轨上不能有异物，设备加压时增压器旁不得站人。

（2）设备的操作系统为全自动，但操作人员在设备运行期间不得离开现场。

（二）等静压机开车前的现场准备

1. 检查补液箱

检查补液箱内的液压油或水，是否在油标的刻度 40 以上，达不到 40 时需要再补充一部分油或水才可以运行。

2. 检查高压腔

检查高压腔内的液压油或水的液面，液面要低于高压腔上平面 60 ~ 100 mm，过少时需从补液箱中补液。

3. 通电后压力参数设定与检查

根据工艺要求设定需要的参数，并进行检查。

（三）操作模式

（1）启动设备（打开电源），等待触摸屏启动（5 s 后按"确认"键），按"油泵启动"，纽子按钮在手动位置（逆时针转到手动位置）。

（2）按压盖下，压盖进入高压腔（该按钮为触点式，停止按压则动作停止）。

（3）按机架进同时按压盖下（两个同时按下），机架前进至高压腔正上方自动停止。

（4）按充液按钮，系统将从补液箱向高压腔补充加压介质（油/水），触点式手离即停，一般充液时间 10 s 左右，充液高度低于高压腔表面 6 cm 左右（充液过程由于高压腔关闭液面高度是看不到的）。

（5）按增压按钮，观察当高压腔数显压力达到定值时，停止增压，如不停止，系统将会持续增压。

（6）系统达到所需压力，并保压所需时间后，进入泄压操作。

（7）按压盖下，同时排气阀自动打开使上活塞脱离框架接触。

（8）按机架退，框架移出高压腔。

（9）按压盖上，高压腔的上盖向上升起打开。

（10）取工件手动完成。

（11）放入新的工件即可开始下一个手动操作循环。

第四节　3D 打印球形钛粉

一、射频等离子体球化原理

射频等离子体球化法（PA）是利用射频电磁场的感应作用对气体进行感应加热，产生射频等离子炬，将非球形粉末原料送入等离子炬区域；非球形颗粒在等离子炬高达 10 000 ℃的温度中迅速熔化，熔融的粉末颗粒在表面张力作用下，在极高的温度梯度下，快速冷凝形成球形度很高的小液滴，从而获得球形粉。

射频等离子体球化法是将形状不规则的金属粉原料颗粒通过携带气体进入加料枪，再喷入等离子体炬中，不规则的颗粒被迅速加热而熔化，当熔化到至少 50%（按重量计）以上时，熔融的颗粒在表面张力的作用下形成球形度很高的液滴，极快的速度进入水循环室冷却凝固后，形成球形的粉末颗粒。

二、射频等离子体球化操作

球形钛粉制备流程为：
（1）建立稳定的氩气等离子体炬；
（2）从送料器将钛粉原料颗粒（携带氩气）经加料枪喷入等离子体炬中；
（3）钛粉颗粒在等离子体炬中在极短的时间内将吸收大量的热而快速融化，并以极快的速度进入水循环室冷却凝固后，最后进入收料仓中收集起来。

具体实验操作如下：
（1）开启总进水，开启水冷机组。
（2）按顺序开启总电源、射频电源、控制柜电源、水冷机组电源。
（3）开启送料控制柜上的"增压泵"。
（4）打开放气阀，确认机械泵和增压泵处于常压状态后关闭放气阀。
（5）开启送料控制柜上的机械泵，打开初抽阀，粗抽真空。
（6）开启送料控制柜上罗茨泵，精抽真空。
（7）开启送气阀调节气体流量。
（8）灯丝预热。
（9）预热操作完成后，等离子体电弧被触发，点火。
（10）粉末原料进料准备，关闭送料口阀门，打开喂料器上端封盖，将准备加工的粉末装入后封好上盖，开始对送粉器抽真空，打开真空泵排气口，打开溢流阀，当真空度抽到不大于 −25 kPa 以后，关闭溢流阀，关闭电源，等待 3 s 后，关闭排气口。
（11）调节送料控制柜上的气量，设置进料参数。
（12）打开送粉器进料阀，送氩气。
（13）等离子体运行稳定，开始输送原料粉末到等离子体，球化实验开始。
（14）根据实验所需产品量，设定实验时间，完成后，关闭喂料 RUN，等待 1 min 后，关闭送粉器阀门，关闭蝶阀，取下收料罐，取出样品。

第五节　3D 打印

一、3D 打印原理

3D 打印是断层扫描的逆过程，断层扫描是把某个东西"切"成无数叠加的片，3D 打印就是一片一片地打印，然后叠加到一起，成为一个立体物体。使用 3D 打印机就像打印一封信：轻点电脑屏幕上的"打印"按钮，一份数字文件便被传送到一台喷墨打印机上，它将一层墨水喷到纸的表面以形成一幅二维图像。而在 3D 打印时，软件通过电脑辅助设计技术（CAD）完成一系列数字切片，并将这些切片的信息传送到 3D 打印机上，后者会将连续的薄型层面堆叠起来，直到一个固态物体成型。

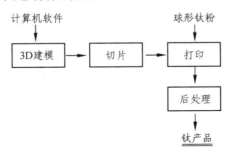

图 5.3　实验流程

二、操　作

1. 创建物品模型

通过三维制作软件将虚拟三维空间构建出具有三维数据的模型。

2. 切　片

把 3D 模型切成一片一片，设计好打印的路径（填充密度，角度，外壳等），并将切片后的文件储存成 3D 打印机需要的能直接读取并使用的切片文件格式。

3. 打印准备

通过数据线、SD 卡等方式把 STL 格式的模型切片得到切片文件传送给 3D 打印机。并清洁 3D 打印机，抽真空到钛粉所需要的真空度（10 Pa 以下）。将球形粉末置入 3D 打印机，装填完毕。

4. 打　印

启动 3D 打印机，调试打印平台，设定打印参数，然后打印机开始工作，材料会一层一层地打印出来。

5. 后处理

3D 打印出来的物品表面会比较粗糙，需要抛光。抛光的办法有物理抛光和化学抛光。采用砂纸打磨，并进行热等静压处理（视条件）。

第六节　钛黑制备方法

本节研究的目的是通过实验验证该猜想的正确性，并通过在不同温度、不同时间下制备的钛黑粉末进行物性分析，找出以钛的氢化物和二氧化钛混料反应制备钛黑最优的温度条件和时间条件，使钛黑在我国能大规模工业化生产。

本节将根据温度和时间这两个工艺参数设计实验，将实验的产品通过颜色分析、粒度分析和 XRD 下物质结构分析检测得出粒度均匀、物质结构一致、纯度高的钛黑粉。

一、生产原理及方法

钛的氢化物在一定的温度条件下能够分解，生成金属钛和氢气。钛的氢化物还原法是一种固-固还原反应（原料之间）与传统的还原方法（氢气、氨气还原法）相比，该方法可减少杂质含量，大大提高产品纯度。该方法成本低、对原料要求低，对钛黑粉末的工业化生产有着一定的现实意义。反应式如下：

$$5TiO_2(s) + TiH_2(g) + H_2(g) \Longrightarrow 3Ti_2O_3(s) + H_2O(g)$$

二、实验流程

将二氧化钛和氢化钛放置在电阻炉中的陶瓷管中并与氢气发生器连接，在常温下通氢气 20 min 排出陶瓷管中的空气，然后使氢气流量稳定、充足，并保持 0.1 MPa。然后升高到不同的反应温度并保持不同的反应时间来实现二氧化钛和氢化钛反应。当反应时间到后停止加热并使得到的生成物空冷到室温得到钛黑粉末。

三、实验仪器设备及材料

钛黑制备的实验仪器设备及材料见表 5.2。

表 5.2

编号	仪器、材料	数量	编号	仪器、材料	数量
1	氢气发生器	1	7	陶瓷管	5
2	分析天平	1	8	橡胶锤	1
3	电阻炉	1	9	氢化钛	1 kg
4	X 射线衍射仪	1	10	筛子	2
5	扫描电子显微镜	1	11	ICP 光谱仪	1
6	陶瓷舟	5		二氧化钛	1 kg

四、实验步骤

用电子秤按照质量比 1∶8 称量 1~2 g 二氧化钛和氢化钛混料加入陶瓷舟中，将加入混料的陶瓷舟放入在电阻炉的陶瓷管中待加热。将氢气发生器打开，使产氢量达到 340 mL/min 后将通气管接入陶瓷管的一端保持密封，将陶瓷管的另一端也介绍排气管保持密封。陶瓷管两端气管接好后通氢 15~20 min 以确保排尽陶瓷管中的残留空气，然后打开微型开启式管式炉的开关，设置实验参数，时间到后，等到生成物自然冷却到 100 ℃ 以下时取出样品。得到钛的低价氧化物，称量氢化海绵钛的质量。

第六章　金属制品

第一节　实训基本内容

一、设计与生产实验时间安排

设计与生产实验时间的安排见表 6.1。

表 6.1　设计与生产实验时间安排

序号	项目名称	时间	地点	内容
1	设计动员	待定	工程实训中心实验室	设计与实验目的、意义、方向、安排、注意事项、实验项目选择、熟悉设备等
2	资料查阅、市场调查	待定	图书馆、计算机机房	针对设计内容查阅相关资料,如金属材料的制备方法、工艺与检测方法等,并做好记录,提出实验初步方案。了解材料成分、组织、性能、价格、供货可能性等,并提供初步的采购物品和价格清单,进行实验原料准备方案
3	预做实验、修改设计方案,确定工艺流程	待定	工程实训中心实验室	根据初步实验方案,在实验室预做实验,根据预做过程中存在的问题,修改实验方案,交指导老师审核,采购所缺材料
4	制作砂型	待定	工程实训中心实验室	依据试件要求大小与形状制作砂型
5	进行实验	待定	分测中心实验室	用 25 kg 感应炉冶炼并浇铸成型,用 40 kg 空气锻锤锻造,热处理炉进行热处理,机加工成品展示件、力学性能测试件、取样、制样,制作显微观察试样
6	检测	待定	工程实训中心实验室	送样进行化学分析、力学性能测试,观察显微结构
7	产品陈列展示	待定	工程实训中心实验室	对各种产品进行保存,写清标签(含姓名、名称、性能指标、售价等)
8	撰写实验报告	待定	机房	按要求格式撰写实验报告
9	提交报告并检查	待定	待定	检查实验报告

注:本表时间需根据实际行课时间进行调整;具体操作时可根据实际情况对时间、地点进行调整。

二、设计流程和主要内容

设计流程和主要内容可参照工程实训要求。

（一）安全操作规程的学习阶段

为了安全顺利地完成本次试验任务，生产前必须严格学习《感应炉炼钢安全操作规程》《炼钢工安全操作规程》《浇铸工安全操作规程》《锻工安全操作规程》等设备安全操作规程。树立牢固的安全意识，懂得如何保护自己，如何处理突发性应急事件，坚决杜绝安全事故的发生，确保人身安全。

（二）成绩考核

结合实验室相关规定，参照实验设计（30%）、试验操作（40%）、试验报告（30%）执行。
参考题目：
题目一：用 SiC 和稀土复合细化剂对 AZ91D 镁合金的影响
题目二：一种耐磨钢坯料的生产实验
题目三：轴承钢 GCr15 锻件的生产实验
题目四：齿轮用钢 42CrMo 锻件的生产实验
题目五：汽车齿轮用钢 20CrMnTi 锻件的生产实验
题目六：碳素工具钢 T12 锻件的生产实验
题目七：优质碳素钢 45 号钢锻件的生产实验
题目八：优质碳素钢 60 号钢锻件的生产实验
题目九：优质碳素钢 50#钢锻件的生产实验

第二节　SiC 和稀土复合细化剂对 AZ91D 镁合金的影响实验

一、设计总体要求

本实验要求学生在指导教师的指导下，以及同组同学的协助下，独立运用所学的理论知识及收集的资料，设计生产方案，完成产品制作，进行产品质量分析及性能测试。指导教师应确保实训安全、顺利、按时完成。

从设计、材料选购、冶炼浇铸成型、机加工、材料组织及性能检测等一整套的环节进行实验，以提升学生的工程实践能力和创新能力。根据所学知识，在查阅资料基础上，进行市场调查，了解合金添加剂成分、纯度、价格、供货可能性等，进行实验原料准备，提出实验方案，确定实验步骤和内容。

查阅相关资料，了解 AZ91D 镁合金的特点、应用、发展背景、研究现状及细化晶粒的必要性等相关内容。

设计本实验的相关内容及目的，并通过对细化剂的控制得出相关结果，具体包括：

镁合金作为最轻的常用金属结构材料，已受到人们越来越多的关注。目前，各个领域对镁合金需求量日益增大，对镁合金使用性能的要求也越来越高。但是，由于传统铸造/压铸镁合金存在强度低、高温抗蠕变性能差，塑性差和耐腐蚀性差等缺点，镁合金应用范围受到限制。要拓宽镁合金在工业领域中的应用，必须进一步改善镁合金的组织，提高其综合性能。本次实验的目的为：

① 了解铸造 AZ91D 镁合金材料的特点。

② 了解铸造 AZ91D 镁合金晶粒细化的方法。

③ 掌握用 SiC 和稀土对铸造 AZ91D 镁合金晶粒细化的工艺流程。

④ 分析使用不同比例 SiC 和稀土细化铸造 AZ91D 镁合金对镁合金晶粒细化的影响及材料性能变化，并得到具体的工艺参数。

⑤ 学习掌握金相试样制备方法，并观察显微组织。

二、实验原料及设备

1. 药 品

AZ91D 镁合金（AR）、SiC 细化剂（AR）、稀土镁合金、熔剂、抛光剂、浸蚀剂、涂料、水玻璃等，如图 6.1 所示。

（1）熔剂采用 RJ-6 的配比，即将 $BaCl_2$ 、KCl 、CaF_2 、$CaCl_2$ 按 15 g ：55 g ：2 g ：28 g 的配比配制而成。

（2）抛光剂采用抛光膏。

（3）浸蚀剂采用苦味酸、冰醋酸、蒸馏水、酒精按 0.82 g ：2mL ：2 mL ：14 mL 的配比配制而成。

（4）涂料采用硼酸、无水乙醇按 2.50 g ：100 g 的配比配制而成。

（a）AZ91D 镁合金

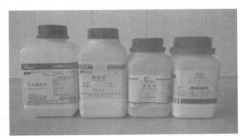

（b）熔剂配制药品

（c）浸蚀剂配制药品

（d）涂料配制药品

图 6.1 实验原料

2. 器　皿

金属型模具、石墨坩埚、烧杯（容积 500 mL 共 4 个）、玻璃棒、镊子、钳子、钢丝、细砂、砂纸、铝箔等，如图 6.2 所示。

（a）金属型模具

（b）石墨坩埚

图 6.2　器皿

（1）金属型模具：内径 2.3 cm、外径 3.5 cm、高度 10 cm 的中空圆柱体。

（2）石墨坩埚：上底圆内外径分别为 10.0 cm 和 12.0 cm、下底圆内外径分别为 6.0 cm 和 8.0 cm、垂直高度为 7.0 cm。

（3）砂纸型号为 600 目、800 目、1 000 目、1 200 目、1 500 目、2 000 目若干张。

3. 实验设备

B200 箱式电阻炉、LEICA DM4000M 光学显微镜（见图 6.3）、P-2 金相试样抛光机、YS-250 三相台式砂轮机、YP402N 电子天平、Q-2 金相试样切割机、HB-3000B 布氏硬度计（见图 6.4）、压痕测微仪、101 型电热鼓风干燥箱、电吹风机。

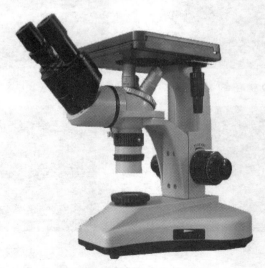

图 6.3　光学显微镜

图 6.4　硬度计

三、实验步骤及操作过程

熔剂和涂料的选择：熔剂是防止镁及镁合金熔体氧化、燃烧。因此，在熔炼过程中需要对熔融的镁合金进行保护。通过查阅资料得知熔剂分为精炼剂和覆盖剂。熔剂的存在可以让呈熔融状态下的镁合金对夹杂物进行吸附和湿润，便将夹杂物去除。除此之外，由于熔融的熔剂存在表面张力，可以让镁液表面形成一层连续完整的覆盖层，以隔绝空气避免氧化等不良反应。使用镁合金涂料，可明显增加镁合金熔液在铸型内腔的流动性、防止镁合金氧化及提高铸件表面质量等。

1. 实验过程

（1）清理金属型模具及坩埚：使用前先将设计的金属型模具用砂纸摩擦掉内壁和上下端面直至其表面呈光亮为止，便于试样起模，避免由于试样与模具表面相接触带入铁杂质的不利情况。再用钢丝捆扎固定，在其内壁底部添加少量水玻璃和细砂的混合物，用铁棒压紧，避免浇注液与金属型模具底部相接触由于温差过大造成炸裂。将处理后的金属型模具置于箱式电阻炉中在 300 ℃下预热保温，直到要浇注的时候再取出。

（2）熔化：把坩埚放入箱式电阻炉中预热至 300 ℃左右，加入适量的熔剂和 AZ91D 镁合金的混合物，再放入箱式电阻炉中准备加热，设置加热速率是 600 ℃/h，将炉温升至 700 ℃保温 20 min 直至 AZ91D 镁合金完全熔融。

（3）细化：根据现实情况设置不同对照组，分别探究 SiC 和稀土含量对镁合金晶粒细化的影响。

（4）浇注：将细化处理后的 AZ91D 镁合金液在 700 ℃下平稳且较快速的浇注到金属模具中。

（5）切割：将采用空冷后的试样分别用 Q-2 型金相试样切割机切成小圆柱体，这样就可以得到很多个小块，将一个试样的两个部分分别用于对应的检测试验，一个用于金相试验，另一个用于硬度试验。

（6）打磨、抛光及制样：磨制前将砂纸用水浸湿，将用于金相试验的试样采用从小号到大号顺序的砂纸把用于金相试验的表面打磨成相应光亮度后，再进行冲洗。冲洗干净后在金相试样抛光机上抛光，直到抛光面光亮清晰。用无水乙醇清洗干净再用浸蚀剂浸蚀该面，5～10 s 后用冷水快速冲净，然后用手大力甩水再用电吹风机吹干该面即可。将用于硬度试验的试样采用 YS-250 型三相台式砂轮机将其上下两面粗磨成大致水平面，并尽量使上下两面看起时呈相互平行的时候为止，再按 600 目、800 目、1 000 目的砂纸打磨成相应粗糙度即可。

（7）相关试验：将采用上述步骤处理后的 3 个试样小块按对应关系分别进行金相试验、硬度试验。

2. 注意事项

以上各个实验步骤都要注意各添加物的干燥，尽可能防止氢进入镁液中，P. Bakke 等研究人员认为氢进入到镁液中大致经历了五个过程，最终导致镁液中含氢量增加，而这将产生显微气孔，造成严重后果，所以应尽可能隔绝镁液与空气接触，否则需进行除气处理，增加实验工作量，但本试验用的箱式电阻炉通气效果不好，所以应做好隔绝措施。

四、检测实验

1. 金相实验

在研究金属内部组织的众多方法中，金相显微分析是其中尤为重要的一种。制备符合操作要求的试样表面是采用金相显微分析的第一步，第二步是在试样表面涂拭合适的浸蚀剂进行浸蚀，在电化学腐蚀的作用下，由于金属晶界上原子排列错乱，各个晶粒的位向不同，各种组成相的物理性能、化学性能及相界面存在电位差，因而受到腐蚀的程度也不一样。其中在晶界处腐蚀最为严重，腐蚀后出现凹陷，在显微镜光束照射下，具有不同的反光性能，从而可看到其凹凸不平的显微组织状态。

2. 硬度实验

硬度实验具有速度快、操作简单、可在热处理工件上直接进行而无需专门试样等优点，常用的是布氏和洛氏硬度试验，应该根据铸造镁合金 AZ91D 的性能和特点选择合适的方法。

五、实验数据分析

对产品、分析结果、数据和图表进行汇总总结，对实验结果数据进行整理和分析，并得出相关结论，来探究 SiC 和稀土对 AZ91D 镁合金性能和组织的影响。

六、总　结

写出此次实验的心得体会和实验总结。

第三节　一种耐磨钢坯料的生产实验

（1）调查使用环境对材料性能的要求。

目前国内生产钢球的厂家很多，但产品质量良莠不齐，性能好的与性能差的其制粉钢耗可相差许多。提高钢球的耐磨性可节约大量钢材。在保证钢球硬度的前提下，提高其冲击韧性，可以降低破碎率，提高耐磨性。

（2）确定材料成分与组织。

化学成分：$\omega_C = 0.38\% \sim 0.80\%$，$\omega_{Si} = 0.11\% \sim 0.40\%$，$\omega_{Mn} = 0.3\% \sim 1.8\%$，$\omega_P \leqslant 0.06\%$，$\omega_S \leqslant 0.05\%$。

物理性能：冲击韧性值为 3.02 J/cm，硬度达到 HRC（42±2）。

（3）确定金属配料。

按废钢碳 0.20%，硅 0.1%，锰 0.1%，硫、磷小于 0.02%；生铁碳 4.0%，硅 0.15%，锰 0.05%，硫 0.05%、磷 0.07%；钢铁料金属收得率 90%-95%；依据浇铸试件量的大小确定废钢、生铁用量。

（4）确定合金配料。

调查硅铁、锰铁、中碳锰铁、高碳锰铁、硅锰合金的价格和成分，依据各合金元素的收得率情况与价格最优原则确定合金配料。

（5）制作砂型。

依据试件要求大小与形状制作砂型。

（6）制定冶炼、浇铸工艺。

（7）冶炼、浇铸试件。

（8）脱模、清理试件。

（9）确定锻造处理工艺。

（10）对试件进行锻造处理。

（11）确定热处理工艺。

（12）对试件进行热处理。

（13）对产品进行检验（测定硬度、冲击韧性）。

第四节　轴承钢 GCr15 锻件的生产实验

（1）调查使用环境对材料性能的要求。

轴承素有"工业的心脏"之称，由于轴承应具备长寿命、高精度、低发热量、高速性、高刚性、低噪声及高耐磨性等特性，这对轴承钢的化学成分均匀性、非金属夹杂物含量和类型、碳化物粒度和分布，以及脱碳等要求严格，因此轴承钢质量的好坏也成为一个国家钢铁冶炼水平的一个标志。

（2）确定材料成分与组织。

① 化学成分：$\omega_C = 0.95\% \sim 1.05\%$，$\omega_{Si} = 0.15\% \sim 0.35\%$，$\omega_{Mn} = 0.25\% \sim 0.45\%$，$\omega_{Cr} = 1.4\% \sim$

1.65%，$\omega_P \leqslant 0.025\%$，$\omega_S \leqslant 0.015\%$，$\omega_{Mo} \leqslant 0.10\%$，$\omega_{Ni} < 0.25\%$，$\omega_{Cu} \leqslant 0.25\%$，$\omega_{(Ni+Cu)} \leqslant 0.50\%$。

② 低倍组织：中心疏松≤1.5级，一般疏松、偏析≤1.0级。

③ 非金属夹杂物。细系：A类≤2.5级，B类≤2.0级，C类≤0.5级，D类≤1.0级；粗系：A类≤1.5级，B类≤1.0级，C类≤0.5级，D类≤1.0级。

④ 球化退火钢材的显微组织应为细小、均匀并完全球化的珠光体组织。

⑤ 直径≤60 mm的球化退火钢材碳化物网状≤2.5级，直径＞60 mm的球化退火钢材碳化物网状≤3.0级；钢材的碳化物带状根据规格及交货状态应分别≤2.0或3.5级；钢材的碳化物液析根据规格及交货状态应分别≤0.5和2.5级。

（3）确定金属配料。

（4）确定合金配料。

（5）制作砂型。

（6）制定冶炼、浇铸工艺。

（7）冶炼、浇铸试件。

（8）脱模、清理试件。

（9）确定锻造处理工艺。

（10）对试件进行锻造处理。

（11）确定热处理工艺。

（12）对试件进行热处理。

（13）对产品进行检验（测定硬度、冲击韧性、金相组织）。

第五节　齿轮钢 42CrMo 锻件的生产实验

（1）调查使用环境对材料性能的要求。

齿轮是汽车制造业中的关键零部件之一，汽车齿轮用钢应具有高强度、耐疲劳、耐磨损和良好的尺寸精度等特点。提高齿轮钢的强度需要改善其抗疲劳性能。齿轮钢的强度特性包括轮齿的弯曲强度、齿面强度、冲击强度和耐磨性能等，齿轮钢的高强度化主要是提高轮齿的弯曲强度。高质量齿轮钢要求淬透性带宽窄、纯净度高、晶粒细小均匀和较高的抗弯曲冲击力。

（2）确定材料成分与组织。

① 化学成分：$\omega_C = 0.38\% \sim 0.45\%$，$\omega_{Si} = 0.17\% \sim 0.37\%$，$\omega_{Mn} = 0.50\% \sim 0.80\%$，$\omega_S$：允许残余含量≤0.035%，$\omega_P$：允许残余含量≤0.035%，$\omega_{Cr} = 0.90\% \sim 1.20\%$，$\omega_{Ni}$：允许残余含量≤0.030%，$\omega_{Cu}$：允许残余含量≤0.030%，$\omega_{Mo} = 0.15\% \sim 0.25\%$。

② 力学性能：

抗拉强度 σ_b：≥1 080(110) MPa，屈服强度 σ_s：≥930(95) MPa，伸长率 δ：≥12%，断面收缩率 ψ：≥45%，冲击功 A_{kv}：≥63 J，冲击韧性值 α_{kv}：≥78(8) J/cm²，硬度：≤HB217。

（3）确定金属配料。

（4）确定合金配料。

（5）制作砂型。

（6）制定冶炼、浇铸工艺。

（7）冶炼、浇铸试件。

（8）脱模、清理试件。

（9）确定锻造处理工艺。

（10）对试件进行锻造处理。

（11）确定热处理工艺。

（12）对试件进行热处理。

（13）对产品进行检验（测定硬度、冲击韧性、金相组织）。

第六节　汽车齿轮钢 20CrMnTiH 锻件生产实验

（1）调查使用环境对材料性能的要求。

20CrMnTiH 是制造汽车用齿轮的主要钢种之一。随汽车工业的发展，对汽车用材料的性能也提出了更高的要求。高质量齿轮钢不仅要具有良好的强韧性、耐磨性，且能很好地承受冲击、弯曲和接触应力；还要求其变形小、精度高和噪声低。

（2）确定材料成分与组织。

$\omega_C = 0.17\% \sim 0.23\%$, $\omega_{Si} = 0.17\% \sim 0.37\%$, $\omega_{Mn} = 0.8\% \sim 1.10\%$, $\omega_{Cr} = 1.0\% \sim 1.30\%$,
$\omega_{Ti} = 0.04\% \sim 0.10\%$, $\omega_P \leqslant 0.030\%$, $\omega_S \leqslant 0.030\%$。

（3）确定金属配料。

（4）确定合金配料。

（5）制作砂型。

（6）制定冶炼、浇铸工艺。

（7）冶炼、浇铸试件。

（8）脱模、清理试件。

（9）确定锻造处理工艺。

（10）对试件进行锻造处理。

（11）确定热处理工艺。

（12）对试件进行热处理。

（13）对产品进行检验（测定硬度、冲击韧性、金相组织）。

第七节　碳素工具钢 T12 钢锻件的生产实验

（1）调查使用环境对材料性能的要求。

碳素工具钢（carbon tool lsteel）用于制作刀具、模具和量具的碳素钢。与合金工具钢相比，其加工性良好，价格低廉，使用范围广泛，所以它在工具生产中用量较大。碳素工具钢分为碳素刃具钢、碳素模具钢和碳素量具钢。碳素刃具钢指用于制作切削工具的碳素工具钢，碳素模具钢指用于制作冷、热加工模具的碳素工具钢，碳素量具钢指用于制作测量工具的碳素工具钢。

（2）确定材料成分与组织。

$\omega_C = 1.15\% \sim 1.24\%$, $\omega_{Si} \leqslant 0.35\%$, $\omega_{Mn} \leqslant 0.40\%$, $\omega_{Cr} = 0.1\% \sim 0.30\%$, $\omega_P \leqslant 0.030\%$, $\omega_S \leqslant 0.020\%$, $\omega_{Cu} \leqslant 0.30\%$, $\omega_{Ni} \leqslant 0.20\%$。

（3）确定金属配料。

（4）确定合金配料。

（5）制作砂型。

（6）制订冶炼、浇铸工艺。

（7）冶炼、浇铸试件。

（8）脱模、清理试件。

（9）确定锻造处理工艺。

（10）对试件进行锻造处理。

（11）确定热处理工艺。

（12）对试件进行热处理。

（13）对产品进行检验（测定硬度、冲击韧性、金相组织）。

第八节　优质碳素钢 45 号钢锻件的生产实验

（1）调查使用环境对材料性能的要求。

中高碳优质碳素钢热轧盘条用途非常广泛，用于机械制造、钢丝制品及钢丝绳、弹簧、五金工具、家具、童车玩具等行业。45 号钢强度较高，塑性和韧性尚好，用于制作承受负荷较大的小截面调质件和应力较小的大型正火零件，以及对心部强度要求不高的表面淬火零件，如曲轴、传动轴、齿轮、蜗杆、键、销等。水淬时有形成裂纹的倾向，形状复杂的零件应在热水或油中淬火。

（2）确定材料成分与组织。

① 化学成分：$\omega_C = 0.42\% \sim 0.50\%$，$\omega_{Si} = 0.17\% \sim 0.37\%$，$\omega_{Mn} = 0.50\% \sim 0.80\%$，$\omega_{Cr} \leqslant 0.25\%$，$\omega_{Ni} \leqslant 0.30\%$，$\omega_{Cu} \leqslant 0.25\%$，$\omega_P \leqslant 0.035\%$，$\omega_S \leqslant 0.025\%$。

② 物理性能：

抗拉强度 $\sigma_b \geqslant 600$ MPa，屈服强度 $\sigma_s \geqslant 355$ MPa，伸长率 $\delta \geqslant 16\%$，断面收缩率 $\psi \geqslant 40\%$，布氏硬度：$\leqslant 197$，未热处理时：HB$\leqslant 229$，冲击功：$A_{kv} \geqslant 39$ J

（3）确定金属配料。

（4）确定合金配料。

（5）制作砂型。

（6）制定冶炼、浇铸工艺。

（7）冶炼、浇铸试件。

（8）脱模、清理试件。

（9）确定锻造处理工艺。

（10）对试件进行锻造处理。

（11）确定热处理工艺。

（12）对试件进行热处理。

（13）对产品进行检验（测定硬度、冲击韧性、金相组织）。

第九节 优质碳素钢60号钢锻件的生产实验

（1）调查使用环境对材料性能的要求。

中高碳优质碳素钢热轧盘条用途非常广泛，用于机械制造、钢丝制品及钢丝绳、弹簧、五金工具、家具、童车玩具等行业。60号钢主要用于制造耐磨，强度较高，受力较大，摩擦工作以及相当弹性的弹性零件。

（2）确定材料成分与组织。

$\omega_C = 0.57\% \sim 0.65\%$ ， $\omega_{Si} = 0.17\% \sim 0.37\%$ ， $\omega_{Mn} = 0.50\% \sim 0.80\%$ ， $\omega_{Cr} \leq 0.25\%$ ， $\omega_{Ni} \leq 0.30\%$ ， $\omega_{Cu} \leq 0.25$ ， $\omega_P \leq 0.035\%$ ， $\omega_S \leq 0.035\%$ 。

（3）确定金属配料。

（4）确定合金配料。

（5）制作砂型。

（6）制定冶炼、浇铸工艺。

（7）冶炼、浇铸试件。

（8）脱模、清理试件。

（9）确定锻造处理工艺。

（10）对试件进行锻造处理。

（11）确定热处理工艺。

（12）对试件进行热处理。

（13）对产品进行检验（测定硬度、冲击韧性、金相组织）。

第十节 优质碳素钢50号钢锻件的生产实验

（1）调查使用环境对材料性能的要求。

中高碳优质碳素钢热轧盘条用途非常广泛，用于机械制造、钢丝制品及钢丝绳、弹簧、五金工具、家具、童车玩具等行业。50号钢锻造齿轮、拉杆、轧辊、轴摩擦盘、机床主轴、发动机曲轴、农业机械犁铧、重载荷心轴和各种轴类零件等，以及较次要的减振弹簧、弹簧垫圈等。

（2）确定材料成分与组织。

① 化学成分：

$\omega_C = 0.47\% \sim 0.55\%$ ，$\omega_{Si} = 0.17\% \sim 0.37\%$ ，$\omega_{Mn} = 0.50\% \sim 0.80\%$ ，$\omega_{Cr} \leqslant 0.25\%$ ，$\omega_{Ni} \leqslant 0.30\%$ ，$\omega_{Cu} \leqslant 0.25\%$ ，$\omega_P \leqslant 0.035\%$ ，$\omega_S \leqslant 0.035\%$ 。

② 物理性能：

力学性能 $\sigma_b \geqslant 630\,\text{MPa}$ ， $\sigma_s \geqslant 375\,\text{MPa}$ ， $\delta \geqslant 14\%$ ， $\psi \geqslant 40\%$ ， $A_{kv} \geqslant 31\,\text{J}$ 。

（3）确定金属配料。

（4）确定合金配料。

（5）制作砂型。

（6）制定冶炼、浇铸工艺。

（7）冶炼、浇铸试件。

（8）脱模、清理试件。

（9）确定锻造处理工艺。

（10）对试件进行锻造处理。

（11）确定热处理工艺。

（12）对试件进行热处理。

（13）对产品进行检验（测定硬度、冲击韧性、金相组织）。

附件一 中频感应炉炼钢工安全操作规程

1. 开炉前应通知中频机组操作人员起动机组,同时应检查炉体、冷却水系统、中频电源开关、倾炉机械和吊包运行轨道等是否正常,地沟盖板是否缺损,盖好。如有问题应先行排除,才能开炉。

2. 在中频机组启动完毕之后,方可送电开炉。

3. 开炉时,需先将炉料放入炉膛,开放冷却水后,才能合上中频电源开关。停炉时,断开中频电源后,方可通知中频机组停机。冷却水应继续保持 15 min。

4. 炉料中不得混有密闭容器、管子或其他易爆炸物。炉料必须干燥,不带水或冰、雪块。装填炉料时,不准用锤子猛打,应轻放、轻敲以免损坏炉膛。炉膛烧损减薄超过规定时,应停炉修理。

5. 工具应放在指定地点,使用时应事先烘烤干燥。

6. 炼合金钢加入合金材料时,应在预热后用钳子夹住,缓慢,分批加入,加入时操作者脸部应避开炉口。

7. 倾侧炉体将钢水注入浇包时应先停电,然后操纵机械缓慢倾注。浇包必须经过烘烤干燥。炉前坑内不准有积水。

8. 取试样要注意周围人员,以免钢花烫人。

9. 电气线路有故障时应及时检修。检查地沟,感应圈、冷却水管和其他电器时,要注意防止自身及其他人员触电。

10. 吊运浇包不应速度太快,钢水不应装得过满(应离浇包沿口有一定距离)。如用手抬包浇注,行走时应互相配合好,不要急走急停。如钢水泼出,要稳当放下,不准扔包。

11. 发现停水,漏炉、感应圈绝缘层破裂和漏水时,应立即停炉检修。

12. 半吨以上中频炉拆炉时,要上下照应,互相配合,拆装时要有专人指挥。

13. 停炉后必须切断电源总开关。关闭水阀门后方可离去。

附件二 力学性能试样件零件图

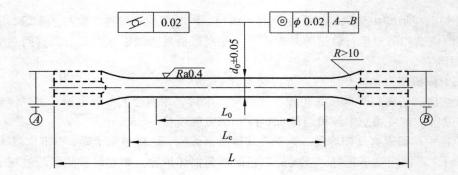

附件三　轧钢岗位安全技术操作规程

1. 开车时必须检查轧机各部位是否正常确认检查人员全部离开后，经生产组织者同意，方能打信号通知开车。

2. 轧机系列各部位的防护装置必须完好齐全。

3. 生产过程中，轧机出口处，各部辊道上撬钢时对面严禁站人。

4. 拆装轧辊时，专人指挥行车，吊物上严禁站人，部件必须放平垫板。

5. 在处理故障时，如需停车处理，必须等轧机停稳后方可进行。

6. 禁止轧制低温钢，以免断辊造成人身、设备事故。

7. 换辊时，手不得抚摸轧辊和换辊工具端部，防止意外被挤伤、砸伤或碰伤。

8. 在换辊、拆装导卫及其他工作中严禁上、下同时作业，防止落物伤人。

附件四　调整工岗位安全操作规程

1. 在正常轧制过程中，调整工在调整轧机时，不得站在轧件出口处，如要调整出口，必须与操作人员打招呼，以免轧件冲出伤人。

2. 轧机在运转时，如需卡量孔型尺寸时，只能在轧机出口处方向卡量。

3. 运转中途，发现水管脱落，压板螺丝松脱需调整时，必须将手套脱去，袖口扣紧，方可进行工作。

4. 运转中途如需停车修理，调换零件，必须等车停止运转后方可进行工作。

5. 若需站在轧机套筒防护罩上从事调整须事先向有关操作台人员打招呼，并得到认可，停止轧制后方可作业。

6. 轧辊及导卫的安装必须符合操作规程要求，调试时要集中精力，手不能接角传动部位。

7. 轧机正常运转时，严禁在咬入口方向卡量辊缝和抚摸辊缝表面，禁止角摸其他旋转部件。

8. 调整运转轧机时，要随时注意红钢往来情况，并站在于安全地带。

附件五　铸造工程实训计划表

班　　级			第　　组	
组长姓名		电　话		
组员姓名				
分　　工				
铸件名称				
任　务 1		计划完成日期		
任　务 2		计划完成日期		
任　务 3		计划完成日期		
任　务 4		计划完成日期		
任　务 5		计划完成日期		
任　务 6		计划完成日期		
任　务 7		计划完成日期		
任　务 8		计划完成日期		
任　务 9		计划完成日期		
任　务 10		计划完成日期		
任　务 11		计划完成日期		
任　务 12		计划完成日期		
任　务 13		计划完成日期		

组长：　　　　　　　　　　　　　　　　　　　　　　年　　月　　日

附件六　实训用原材料采购意向表

铸件名称：　　　　　　铸造方法：

序号	用途	名称	规格/型号	数量	单位	单价/元	供应商

小组组长：

小组成员：

　　　　　　　　　　　　　　　年　　月　　日

附件七　产品实训报告

产品工程实训报告

铸件名称

_____

_____

_____

学　　院

_____

班　　级

_____

学生姓名　　　　　　　　　　学　　号

_____

指导教师　　　　　　　　　　职　　称

年　月　日

工程实训报告指导教师成绩评定表

评分项目	要　求	分值	得分
1 工程实训概况（3分）	（1）真实、清楚描述实训的起止时间、历时多少周，同组同学，生产什么样的铸件，今天负责的工作，参与的工作	2	
	（2）用流程框图展现这些过程及过程的输入和输出	1	
2 零件分析及铸造方法的选择（3分）	（1）展现零件图样（可以用题目图样的复印件，鼓励重新用 CAD 绘制新图）	1	
	（2）分析零件结构（要求详细描述分析过程），提炼零件特征数据（可以用表格汇总，也可以用其他形式，但一定要集中展现）	1	
	（3）明确拟采用的铸造方法（详细阐述选择的依据）	1	
3 提出实训计划（1分）	根据铸件情况及铸造方法，提出材料采购的初始计划，进行市场调查，确定采购材料，展现材料计划表	1	
4 铸件结构的铸造工艺性分析（3分）	（1）以铸件结构工艺性分析目的为指导，在选定铸造方法的框架下，对铸件的结构逐一进行分析	2	
	（2）对工艺性不好的结构提出修改建议	1	
5 浇注位置及分型面的选择（8分）	（1）基于铸件的哪些特点，根据浇注位置确定的什么原则，提出铸件的两种不同的浇注位置，并以图展示，然后根据分型面选择的原则，针对每一种浇注位置选择两种及以上的分型面，并以图示展示不同的分型面	4	
	（2）详细分析不同浇注位置和分型面的优缺点，最终确定一种浇注位置的一种分型面，完成浇注位置和分型面的选择，并清楚地用图形表示出来，同时在工艺图中用规范的工艺符号表达	4	
6 加工余量、起模斜度的确定（2分）	（1）依据什么确定加工余量、起模斜度	1	
	（2）在工艺图中用规范的工艺符号表达出来	1	
7 砂芯设计（5分）	（1）基于什么考虑，将砂芯分成哪几块，芯头如何设计，以示意图展示	2	
	（2）砂芯定量设计	2	
	（3）在工艺图中用规范的工艺符号表达出来	1	
8 浇注系统设计（5分）	（1）从哪些方面考虑，选择什么形式的浇注系统，确定内浇道的引入位置和方向，以示意图展示	2	
	（2）计算浇注系统各部分尺寸	2	
	（3）在工艺图中用规范的工艺符号表达出来	1	
9 补缩系统设计（5分）	（1）依据什么，选择冒口的位置，是否用冷铁配合，如何配置。以示意图展示	2	
	（2）计算补缩系统尺寸	2	
	（3）在工艺图中用规范的工艺符号表达出来	1	

评分项目	要　　求	分值	得分
10 其他工艺参数的选择（2分）	根据需要，选择其他铸造工艺参数，能用工艺符号表达的要用示意图展现，并在工艺图中用规范的工艺符号表达出来；不能用工艺符号表达的用文字说明，并在工艺图中"铸造工艺说明"栏目下用文字说明	2	
11 铸造工艺装备设计（10分）	（1）根据所设计的铸造工艺，设计工艺装备（至少含模样和芯盒），并用规范的CAD图样展现	6	
	（2）有简要的设计说明，应包含工装的使用方面的要求	4	
12 模样芯盒制作（10分）	（1）描述模样芯盒制作过程	6	
	（2）所制作的模样、芯盒照片	4	
13 铸型/芯制造（10分）	（1）选择型砂的这里，型砂配方及混制工艺，描述铸型、制芯过程	6	
	（2）过程的照片，型、芯的照片	2	
	（3）描述合型过程。合型后的照片	2	
14 合金熔炼与浇注（5分）	（1）设计合金熔炼工艺，描述合金熔炼过程（重视对需要注意的事项的描述）熔炼过程照片	3	
	（2）描述浇注过程，浇注过程照片	2	
15 铸件清整（2分）	（1）描述铸件清理、打磨的过程	1	
	（2）过程照片，清理后的铸件照片	1	
16 铸件检查及缺陷分析（10分）	（1）描述检查的项目及过程，检查的结果	5	
	（2）分析铸件缺陷产生的原因，提出改进措施	5	
17 实训的收获（5分）	（1）简述实训的过程及所做的工作	1	
	（2）阐述经过实训，自己的哪些能力得到了提高，思想上有哪些认识和体会	4	
18 参考文献（2分）	（1）列出整个实训过程中对你的设计、操作等有较大帮助的文献资料	1	
	（2）同时在文中标识出所参考文献的编号	1	
19 附录（5分）	附录一 所生产零件的零件图及铸造工艺图	1	
	附录二 所设计的工装图样	1	
	附录三 铸型、砂芯照片	1	
	附录四 生产铸件的照片	1	
	附录五 小组成员合影及实训剪影	1	
20 文章格式（2分）	文章格式规范，排版无明显不当	2	
21 专业技术术语（2分）	专业术语书写正确，使用正确	2	
成　　绩			

特殊情况说明：

工程实训作品（铸件）考核评分表

评分项目	分　值	得　分
1. 铸件形状是否符合图纸	25	
2. 铸件尺寸与图纸的误差	25	
3. 铸件表面是否光洁	25	
4. 铸件外观是否有明显缺陷	25	
成　　绩		

课程成绩	
指导教师评语：	

铸造产品工程实训计划表

班　　级			第　　组
组长姓名		电　话	
组员姓名			
分　　工			
铸件名称			
任　务 1		计划完成日期	
任　务 2		计划完成日期	
任　务 3		计划完成日期	
任　务 4		计划完成日期	
任　务 5		计划完成日期	
任　务 6		计划完成日期	
任　务 7		计划完成日期	
任　务 8		计划完成日期	
任　务 9		计划完成日期	
任　务 10		计划完成日期	
任　务 11		计划完成日期	
任　务 12		计划完成日期	
任　务 13		计划完成日期	

组长：　　　　　　　　　　　　　　　　　　　　　　　　年　　月　　日

×××铸造工程实训报告
目　录

×××铸件铸造工程实训报告

姓 名

（×××班 学号××××××）

1 工程实训概况

描述铸造工程实训从哪一天到哪一天，历时多少周，和哪几个同学为一组，进行了什么铸件的铸造生产实训，具体负责了哪些工作，参与了哪些工作，通过小组共同努力取得了什么结果。

2 工程实训过程

本次铸件生产工程实训，经历了哪些过程，并用流程框图展现这些过程及过程的输入和输出。

2.1 零件分析及铸造方法的选择

展现零件图样（可以用题目图样的复印件，鼓励重新用 CAD 绘制新图），分析零件结构（要求详细的分析过程描述），提炼零件特征数据（可以用表格汇总，也可以用其他形式，但一定要集中展现），选择铸造方法（详细阐述选择的依据）。

2.2 实训材料计划

根据铸件情况及铸造方法，提出材料采购初始计划，进行市场调查，确定采购材料，展现材料计划表。

2.3 铸件结构的铸造工艺性分析

进行铸件结构的工艺性分析（以铸件结构工艺性分析目的为指导，在所选铸造方法的框架下，对铸件的结构逐一进行分析，对工艺性不好的结构提出修改建议，对工艺性好的结构要明确指出其符合工艺要求。）

2.4 铸造工艺设计

2.4.1 浇注位置及分型面的选择

根据铸件的什么特点，基于浇注位置确定的什么原则，提出铸件的两种不同的浇注位置，并以图展示，然后根据分型面选择的哪些/那条原则，针对每一种浇注位置选择了两种及以上的分型面，并以图示展示不同的分型面。详细分析不同浇注位置和分型面的优缺点，最终确定一种浇注位置的一种分型面，完成浇注位置和分型面的选择，并将所选择的浇注位置和分型面清楚地用图形表示出来，同时在工艺图中用规范的工艺符号表达。

2.4.2 加工余量、起模斜度的确定

依据什么，确定加工余量、起模斜度，并在工艺图中用规范的工艺符号表达。

2.4.3 砂芯设计

基于什么考虑，将砂芯分成哪几块，芯头如何设计，以示意图展示。

砂芯定量设计。

在工艺图中用规范的工艺符号表达。

2.4.4 浇注系统设计

从哪些方面考虑，选择什么形式的浇注系统，确定内浇道的引入位置和方向，并以示意图展示。

计算浇注系统各部分尺寸。

在工艺图中用规范的工艺符号表达。

2.4.5 补缩系统设计

依据什么，选择冒口的位置，是否用冷铁配合，如何配置，并以示意图展示。

计算补缩系统尺寸。

在工艺图中用规范的工艺符号表达。

2.4.6 其他工艺参数的选择

根据需要，选择其他铸造工艺参数，能用工艺符号表达的要用示意图展现，并在工艺图中用规范的工艺符号表达出来；不能用工艺符号表达的用文字说明，并在工艺图中"铸造工艺说明"栏目下用文字说明。

2.5 铸造工艺装备设计

根据所设计的铸造工艺，设计工艺装备（至少包含模样和芯盒），并用规范的 CAD 图样展现，并有简要的设计说明，应包含工装的使用方面的说明。

2.6 模样芯盒制作

描述模样/芯盒制作过程，所制作的模样/芯盒照片

2.7 铸型/芯制造

选择型砂的种类，型砂配方及混制，造型/制芯过程描述，过程中的照片，型/芯的照片。合型过程描述。合型后的照片。

2.8 合金熔炼与浇注

设计合金熔炼工艺，合金熔炼的过程描述（重视对需要注意的事项进行阐述），熔炼过程照片。

浇注过程描述，浇注过程照片。

2.9 铸件清整

描述铸件清理、打磨的过程，过程照片，清整后的铸件照片。

2.10 铸件检查及缺陷分析

描述检查的项目与过程，检查的结果。

对铸件的缺陷进行原因分析，提出改进措施。

3 实训的收获

简述实训的过程及所做的主要工作。

阐述经过实训自己哪些能力得到了提高，思想上有哪些认识和体会。

参考文献

列出整个实训过程中对你的设计、操作等有较大帮助的文献资料。同时在文中明确标识出所参考文献的编号。

附录

附录一 所生产零件的零件图及铸造工艺图

附录二 所设计的工装图样

附录三 铸型、砂芯照片

附录四 生产铸件的照片

附录五 小组成员合影及实训剪影

附件八　一般浇注工安全操作规程

1. 进入车间前必须穿戴好劳保鞋、安全帽、口罩、手套等防护用品，否则不允许进车间。

2. 造型时，要留出气孔、桩箱，打芯时软硬要适当、均匀，型腔要干净，型砂湿度要适当。避免发生型芯呛出和爆炸事故。大件地坑造型，应有良好的防水层，地坑中应布置焦碳层和足够的通气管，以免浇注时引起爆炸。

3. 装出窑时，砂型应安放平稳。吊运砂型要有专人指挥，上下配合，协调一致。

4. 大、中件不准空中翻箱，必须用翻箱凳。半吨以上的砂箱柄，不得用生铁铸成。有裂纹损坏的砂箱不准用。

5. 不要在吊起悬空的砂型下修型，应放稳在牢固的支架下修型。扣箱时不要把手指放在砂箱下方，以免砸伤手。

6. 扣箱要排放整齐，填实箱缝，并根据铸件大小和几何形状放置压箱铁或安装卡具，避免漏箱伤人。

7. 金属熔化工作前应检查熔炉各部位是否正常可靠，工具是否齐备，炉前不得有积水，并将工作场地清理好。

8. 熔化后的金属液，不要与生锈、潮湿和冷硬物骤然接触，禁止金属液喷溅伤人。

9. 用坩埚熔化金属，应检查坩埚是否干燥和有裂纹。材料加入前要预热，加料时要缓慢，禁止将杂质和爆炸物加入炉内，以免发生爆炸事故。

10. 浇包应按规定烘干。金属液不要盛得太满，浇注时应有专人挡渣、引气。扒渣、挡渣工具需预热干燥。

11. 铁水包要放平、放稳。盛铁水不得过满，高度低于距边缘 60 mm 以下。剩余的铁水不准乱倒（如倒在坑内，不能用砂子蒙盖，防止误踏伤人）。

12. 浇注大型铸件要有专人扒渣、挡渣、引气，以免发生爆炸事故。

13. 浇注时，抬包、撞包要和挡渣人配合好，并与调车司机协调一致，由挡渣人负责指挥。

14. 抬铁水包时，要精力集中，步调一致，方向统一，拐弯要慢速，要抬平、抬稳，不准急走急停。道路应畅通无障碍物。万一有人烫伤不得将包丢掉，应通知另一人慢慢放下。

15. 用行车运送铁水，必须专人指挥，吊运前必须插好保险卡，不准从人头上通过。附近不能有障碍物。

16. 浇注时，严禁从冒口观察铁水。浇包的对面不得站人，以防铁水喷出伤人。如发生铁水溢出时，要用铁锹取砂和用泥堵塞。抬包、撞包要和挡渣人配合好，并与吊车司机协调一致，由挡渣人负责指挥。

17. 浇注高砂箱铸件时，操作人员要站在地基稳固的地方，超过一米的大型铸件，应在地坑浇注，以免漏箱时发生烫伤事故。

18. 扒渣和挡渣，不许用空心棍。不准将扒渣棍倒着扛和随地乱放。

19. 拆箱清理时，应将铸件冷却到一定程度。拆箱前应检查锤头是否牢固，以防止锤头甩出伤人。敲打时，要防止沙子溅出伤眼和披缝铁片蹦出伤人，砂箱堆放要整齐。中、小砂箱堆放高度不得超过 2 m，大砂箱堆放高度不得超过 3.5 m。筛砂时，喷水均匀适当，以减少粉尘飞扬。

20. 起吊重物时要经常检查吊物用的链条，禁止超负荷。与行车司机密切配合，严格执行起重工、挂钩工安全操作规程。

附件九　锻工安全操作规程

一、穿戴好工作服，检查设备及工具有无松动、开裂现象。

二、教学用具、锻造设备需在指导教师的指导后方可启动，并严格按照设备的操作规范进行操作。

三、掌钳时，应紧握夹钳柄部并将柄置于身体旁侧。严禁钳柄或带柄工具尾部正对人体，以及将手指放入钳柄之间。

四、锻造时，坯料应放在下砧块的中部，锻件或垫铁等工具必须放正放平，以防工具受力后飞出伤人。

五、两人或多人配合操作，须分工明确，协调配合，以避免动作失误。

六、严禁用锤头空击下砧块，不许锻打过烧过冷的锻件。

七、在下砧块上放置或移出工具、清理氧化皮时，必须使用夹钳、扫帚等工具，严禁用手直接伸入上下砧块工作面内取拿物品。

八、手工自由锻造

1. 在实习指导老师操作示范时，实习人员应站在安全位置，示范切断锻件时，站的位置应避开金属被切断时的飞出方向。

2. 工作开始以前，必须检查所用的工具是否正常，钳口是否能稳固地夹持，铁砧上有无裂痕，炉子的风门是否有堵塞现象等。如发现有不正常的地方，应立即报告实习指导老师，待处理后再进行工作。

3. 在铁砧上和铁砧旁的地面上，都不应放置其他物件。

4. 不得用手锤或大锤对着铁砧的工作面猛烈敲击，以免铁锤反跳造成事故，火热的金属件不得乱抛乱叠。

5. 禁止赤手拿金属块，以防金属块未冷而烫伤。

九、机锻

1. 观察空气锤锻造时，站立位置距离机台应不少于 1.5 m。

2. 实习人员进行机锻及操作其他设备时，必须得到实习指导老师的允许，必须有实习指导老师在场指导。

3. 应随时清除空气锤砧面上的氧化皮，不得积存。清除渣皮时，只准用扫帚，禁止用嘴吹或直接用手、脚清除。

4. 绝对禁止直接用手移动放置在砧面上的工具及工作物，手与头应严禁靠近锻锤的工作区。

5. 只准许单人操作空气锤，禁止其他人从旁帮助，以免动作不一致，造成工伤事故。

6. 空气锤开始锻击时，不可强打，使用后应将锤头轻轻提起用木块垫好。

实习完毕后，应将锻炉熄火，并清理工作场地和检查所用工具。

十、冲压操作

1. 工作前须认真校好模具，如发现冲床刹车不灵或冲头连冲，则严禁使用，并即刻报告指导人员。

2. 操作时，思想应高度集中，不允许一边与人谈话一边操作。

3. 严禁将手伸进工作区送料或取工件，小工件冲压要用辅助工具。

4. 冲床脚踏开关上方应有防护罩，冲完一次后，脚应离开开关。

5. 工具材料不要靠在机床上，防止掉落在开关上造成机床启动。

6. 注意调整机床设备各部间隙，安全装置应完好无损，皮带罩、齿轮罩应齐全。

参考文献

[1] 阮煦寰，王连忠. 板带钢轧制生产工艺学[M]. 北京：冶金工业出版社，1995.

[2] 刘玠，孙一康. 带钢热连轧计算机控制[M]. 北京：机械工业出版社，1997.

[3] 康永林. 轧制工程学[M]. 北京：冶金工业出版社，2004.

[4] 赵志业. 金属塑性变形与轧制理论[M]. 北京：冶金工业出版社，1980.

[5] 邹家祥. 轧钢机械[M]. 北京：冶金工业出版社，1989.

[6] 王廷溥. 轧钢工艺学[M]. 北京：冶金工业出版社，1981.

[7] 袁康. 轧钢车间设计基础[M]. 北京：冶金工业出版社，1986.

[8] 李弘英. 铸造工艺设计[M]. 北京：机械工业出版社，2005.

[9] 曹瑜强. 铸造工艺及设备[M]. 北京：机械工业出版社，2003.

[10] 王文清. 铸造工艺学[M]. 北京：机械工业出版社，2011.

[11] 韩小峰. 铸造生产及工艺工装设计[M]. 长沙：中南大学出版社，2010.

[12] 毛红奎. 铸造过程模拟及工艺设计[M]. 北京：国防工业出版社，2011.

[13] 贾志宏. 金属材料液态成型工艺[M]. 北京：化学工业出版社，2008.

[14] 陆文华. 铸造合金及熔炼[M]. 北京：机械工业出版社，2006.

[15] 蔡启舟. 铸造合金原理及熔炼[M]. 北京：化学工业出版社，2010.

[16] 张增志. 耐磨高锰钢[M]. 北京：冶金工业出版社，2003.

[17] 冯捷. 炼钢基础知识[M]. 北京：冶金工业出版社，2005.

[18] 王瑞生. 高档骨色卫生陶瓷的研制[J]. 中国陶瓷工业，2002：1-4.

[19] 王瑞生. 低吸水率卫生陶瓷的研制[J]. 陶瓷，2001（5）：15-16.

[20] 王瑞生. 用国产原料研制高档卫生瓷白釉[J]. 中国陶瓷，2002（03）：41-43.

[21] 张强，胡善洲. 影响卫生瓷重烧因素的研究[J]. 陶瓷工程，2000（1）.

[22] 杨洪儒. 建筑卫生陶瓷工业现状及技术发展趋势（下）[J]. 建材发展导向，2004（1）.

[23] 顾淑华，耿谦. 卫生陶瓷坯体增白剂的研制[J]. 陶瓷，2008（5）.

[24] 李易进，霍秀琼. 建筑卫生陶瓷技术读本[M]. 北京：化学工业出版社，2006.

[25] 贺晓梅. 卫生陶瓷高压注浆环氧树脂类模具的研究开发[J]. 陶瓷，2010（2）.

[26] 冯柳，陈志伟. 陶瓷原料分析方法研究进展[J]. 中国陶瓷，2008（11）：14-16.

[27] 丁玉珍. 卫生陶瓷吸水率测试的研究进展[J]. 化学工程与装备，2010（11）.

[28] 柯大为，柳岸，余峰，等. 卫生陶瓷抗菌釉的研究[J]. 科技致富向导，2011（14）.

[29] 刘兵. 卫生陶瓷瓷坯减薄增强研究[J]. 景德镇陶瓷学院，2012.

[30] 俞康泰，蔡永香，肖乐宝，等. 卫生陶瓷重烧工艺的研究[J]. 陶瓷，2000（1）.

[31] 贾书雄，刘明福，鲁雅文，等. 影响卫生陶瓷生产工艺的几项新技术[J]. 陶瓷，2006（9）.

[32] 王瑞生. 无机非金属材料实验教程[M]. 北京：冶金工业出版社，2004.

[33] 王涛，赵淑金. 无机非金属材料实验[M]. 北京：化学工业出版社，2010.

[34] 谈国强等. 硅酸盐工业产品性能及测试分析[M]. 北京：化学工业出版社，2004.

[35] 徐平坤，魏国钊. 耐火材料新工艺技术[M]. 北京：冶金工业出版社，2010.

[36] 周张健. 无机非金属材料工艺学[M]. 北京：中国轻工业出版社，2010.

[37] 张晗亮，张健，李增峰，等. 氢化法制备不饱和氢化钛粉末[J]. 稀有金属，2006，S2：10-12.

[38] 尹昌耕，李传锋，孙长龙. 氢化海绵钛粉末制备工艺研究[A]. 四川省机械工程学会.四川省机械工程学会粉末冶金专委会学术交流会、成都市 2007 科技年机械工程学会粉冶年会论文集[C]. 四川省机械工程学会，2007：7.

[39] 李传锋，尹昌耕，孙长龙，等. 氢化海绵钛粉末制备工艺研究[A]. 中国核学会核材料分会.中国核学会核材料分会 2007 年度学术交流会论文集[C]. 中国核学会核材料分会，2007：4.

[40] 李红梅，雷霆，房志刚，方树铭，等. 高能球磨制备超细 $TiH-2$ 粉研究[J]. 轻金属，2010，11：49-51.

[41] 洪艳，曲涛，沈化森，等. 氢化脱氢法制备钛粉工艺研究[J]. 稀有金属，2007(3):311-315.

[42] 潘明初，王燕南，徐海泉，等. 大比表面积钛黑颜料的制备和表征[J]. 无机化学学报，2013(7)：1345-1354.

[43] 唱鹤鸣. 感应炉熔炼与特种铸造技术[M]. 北京：冶金工业出版社，2002.

[44] 庞玉华. 金属塑性加工学[M]. 北京：冶金工业出版社，2005.

[45] 刘宝珩. 轧钢机械设备[M]. 3 版. 北京：冶金工业出版社，1990.

[46] 许天已. 钢铁热处理实用技术[M]. 北京：冶金工业出版社，2005.

[47] 徐自立. 高温金属材料的性能、强度设计及工程应用[M]. 北京：冶金工业出版社，2005.

[48] 任颂赞. 钢铁金相图谱[M]. 北京：冶金工业出版社，2003.

[49] （美）哈珀. 产品设计材料手册[M]. 北京：机械工业出版社，2004.

[50] 中国铸造协会. 熔模铸造手册[M]. 北京：机械工业出版社，2002.

[51] 陈华辉. 耐磨材料应用手册[M]. 北京：机械工业出版社，2006.

[52] 刘天佑. 钢材质量检验[M]. 北京：冶金工业出版社，1999.

[53] 王占学. 控制轧制与控制冷却[M]. 北京：冶金工业出版社，1991.

[54] 周燕飞. 现代工程实训[M]. 北京：国防工业出版社，2010.

[55] 谢大康. 产品模型制作[M]. 北京：化学工业出版社，2003.

[56] 江湘云. 设计材料及加工工艺[M]. 北京：北京理工大学出版社，2003.

[57] 俞英. 产品设计模型表现[M]. 上海：上海人民美术出版社，2004.

[58] 孙利，吴俭涛，陈继刚. 产品设计工程基础[M]. 北京：清华大学出版社，2014.

[59] George E. Dieter. 产品工程设计[M]. 4 版. 朱世范，译. 北京：电子工业出版社，2012.

[60] 刘立红. 产品设计工程基础[M]. 上海：上海人民美术出版社，2005.

[61] 郑建启. 设计材料工艺学[M]. 北京：高等教育出版社，2007.